U0643093

# 电动汽车充换电设施维护
# 指导手册

国网天津市电力公司　组编

中国电力出版社

CHINA ELECTRIC POWER PRESS

## 内 容 提 要

本书从电动汽车充电设施运行维护实际工作出发，围绕充电设施发展趋势、电工基础知识、工器具及使用方法、电动汽车及充电桩基本原理、现场工作、安全防护等方面进行了讲述，以期帮助读者学习、理解和应用。

本书适合供电企业电力营销人员、电动汽车公司运维检修人员及社会充电设施运营企业相关人员阅读，为员工开展专业工作提供参考与指导，同时还可以作为充电桩运维相关课程培训教材使用。

**图书在版编目（CIP）数据**

电动汽车充换电设施维护指导手册/国网天津市电力公司组编 . —北京：中国电力出版社，2022.5
ISBN 978 - 7 - 5198 - 6292 - 3

Ⅰ.①电… Ⅱ.①国… Ⅲ.①电动汽车－充电－基础设施建设－运营管理－手册 Ⅳ.①U469.72 - 62
②TM910.6 - 62

中国版本图书馆 CIP 数据核字（2021）第 263553 号

出版发行：中国电力出版社
地　　址：北京市东城区北京站西街 19 号（邮政编码 100005）
网　　址：http://www.cepp.sgcc.com.cn
责任编辑：王　南（010－63412876）
责任校对：黄　蓓　马　宁
装帧设计：赵丽媛
责任印制：石　雷

印　　刷：三河市百盛印装有限公司
版　　次：2022 年 5 月第一版
印　　次：2022 年 5 月北京第一次印刷
开　　本：787 毫米×1092 毫米　16 开本
印　　张：13.25
字　　数：277 千字
印　　数：0001－2000 册
定　　价：49.00 元

**版 权 专 有　侵 权 必 究**

本书如有印装质量问题，我社营销中心负责退换

## 编委会

| 主　　任 | 王迎秋 |
|---|---|
| 副主任 | 马凤云　吴俊峰　陈天恒　袁新润　彭　词<br>任　一 |
| 编　　委 | 张　剑　韩　强　赵　新　谢　秦　刘　萌<br>任国岐　李　磊　赵迎春　白玉琨 |

## 编写组

| 编写人员 | 谢　秦　刘　萌　多葭宁　周　毅　冯勇鑫<br>巩　莹　方晓萌　张燕萍　章　玉　高漫阳 |
|---|---|

# 前　言

近年来，随着我国电动汽车产业的蓬勃发展，充电基础设施规模迅速扩大。2018年，发改委联合能源局、工信部、财政部联合下发《关于提升新能源汽车充电保障能力行动计划的通知》，极大地激发了充电桩市场活力。2020年，政府工作报告提出，要加强新型基础设施建设，建设充电桩，推广新能源汽车，激发新消费需求，助力产业升级，同时国家能源局也于6月22日印发了《2020年能源工作指导意见》，提出要加强充电基础设施建设，提升新能源汽车的充电保障能力，至2030年新能源汽车保有量将达到6420万辆，车桩比将达到1∶1。随着新能源汽车充电桩的大规模普及，充电桩运维服务水平将直接影响新能源汽车用户使用，开展充换电服务工相关技能培训工作显得尤为重要。

本书从电动汽车充电设施运行维护实际工作出发，围绕充电设施发展趋势、电工基础知识、工器具及使用方法、电动汽车及充电桩基本原理、现场工作、安全防护等方面进行了讲述，以期帮助读者学习、理解和应用。本书适合供电企业电力营销人员、电动汽车公司运维检修人员及社会充电设施运营企业相关人员阅读，为员工开展专业工作提供参考与指导，同时还可以作为充电桩运维相关课程培训教材使用。

本书由国网天津市电力公司营销部、培训中心组织编写，编写过程中，得到了天津职业技术师范大学汽车与交通学院专家和电力出版社编辑的帮助，在此表示由衷的感谢。

由于编者水平有限，书中难免存在疏漏之处，敬请广大读者谅解和批评指正。

编者
2021年11月

# 目　录

# 第 1 章

# 充换电设施运营概述

充电基础设施是新能源汽车应用的基础保障。加快发展电动汽车是党中央、国务院作出的重大决策部署，对于推动能源生产和消费革命，落实供给侧结构性改革、发展战略性新兴产业，具有十分重大的意义。是贯彻落实习近平总书记生态文明重要思想，加快建设新型基础设施，满足人民群众绿色出行需要的重要举措。

新能源汽车产业作为战略性新兴产业之一，在替代能源、新材料、车联网、基础设施、商业模式等方面，将形成主要的产业关联和创业带动力量，尤其是其节能环保效果极为明显的技术路径，对传统汽车的发展是一种促进。从全球看，发展新能源汽车已被列为引领未来汽车能源技术、电力技术、互联网技术、材料技术和全面提升汽车产品竞争力的战略性新兴产业。截至 2021 年 6 月，全国新能源汽车保有量达 603 万辆，占汽车总量的 2.1%。电动汽车保有量 493 万辆，占新能源汽车总量的 81.7%。上半年新注册登记新能源汽车 110.3 万辆，同比增加 77.4 万辆，增长 234.9%。与 2019 年上半年相比增加 47.3 万辆，增长 74.9%，创历史新高。新能源汽车新注册登记量占汽车新注册登记量的 7.8%。

## 1.1 电动汽车发展历史

从汽车技术发展历史看，纯电动车不是新鲜事物，甚至比燃油车的历史更久。

### 1.1.1 孕育期

孕育期（19 世纪 20～70 年代）的标志性事件是，1873 年英国化学家罗伯特·戴维森终于制造出世界上第一辆可供实际应用的纯电动车，该车采用一次电池驱动；7 年后，可充放电的二次电池应用于该车。

实用的纯电动车的诞生离不开很多科学家和工程师的贡献。早在 1828 年，匈牙利物理学家阿纽斯·伊斯特万·耶德利克发明了第一台电力发动机。1831 年被称为"电学之父""交流电之父"的迈克尔·法拉第首次发现电磁感应现象，同年他发明了第一台发电机。1834 年美国机械师托马斯·达文波特制造出第一辆直流电机驱动的电动车。1838 年英国人罗伯特·戴维森制造了第一辆干电池电动车，而被称为"汽车之父"的德国工程师卡尔·本茨在 1886 年才发明了第一辆三轮内燃机汽车。1859 年，法国物理学家加斯顿·普兰泰发明了铅酸蓄电池，这是电动车从试验模型走向实用化的重要节点。

### 1.1.2 第一次发展期

第一次发展期（19 世纪 80 年代～20 世纪 20 年代）。这一时期是纯电动车发展的第一个黄金期，发展的关键是击败竞争者燃油车。

早期内燃机技术很落后，存在行驶里程短，故障多，维修难，振动和噪音大，汽油味刺鼻等诸多问题，其性能远不及纯电动车。纯电动车凭借着价格更低，操作简单，速度较快，安静等优点，迅速在欧美市场得到认可。很多公司开始生产纯电动车，比如美国 Riker 公司、美国底特律电气公司、伦敦电动出租汽车公司等。

很多工程师不断改进纯电动车技术。1880 年法国电气工程师古斯塔夫·特鲁维（Gustave Trouvé）改进了小型电机的运行效率，将它安装在三轮车上。1884 年，英国发明家和实业家托马斯·帕克制造了第一辆配备高容量可充电电池的电动汽车。1899 年比利时工程师卡米乐·热纳茨制造了世界上第一辆车速超过 100km/h 的铝制车身纯电动车。

换电加速了纯电动车的普及。1896 年 Hartford Electric Light 公司意识到推广充电设施的重要性，并承诺凡在通用电气购买的汽车，可使用 HartfordElectricLight 提供的设备换电。该服务从 1910 年开始，持续了 15 年，共计帮助电动车主们行驶了 900 万 km 的路程。以"换电"代替"加油"的能源站，是人类历史上最早的民用车"换电站"。

1911 年，《纽约时报》用"完美"来称赞电动汽车的环保、安静与使用得实惠。在 1915 年，仅美国的电动车保有量，已达 50 000 辆之多，电动车市场占有率一度高出燃油车 16%。

### 1.1.3 第一次衰退期

第一次衰退期（20 世纪 20～90 年代）。20 世纪 20 年代以后纯电动车逐渐被汽油车超越，纯电动车工业迅速衰败。这里有内因和外因。内因是纯电动车进入瓶颈期，蓄电池技术停滞，制造成本依然较高。外因主要有三个，首先内燃机技术进步，尤其是可靠性的提升。其次，石油开采技术进步，汽油成本下降，加油方便，耗时短。最后是城市化进程对续航里程要求更高，当时电动车续航依然是 50km 左右，而汽油车更适合长距离行驶。最后，1912 年汽油车售价仅为电动车一半，这在商业上宣判了后者的死刑。

第二次世界大战期间，由于汽油车较长的续航更满足战争需求，纯电动车基本在欧美汽车市场消失。第二次世界大战结束后，汽油车惯性地在世界主宰。直到的三大石油危机爆发（20 世纪 70～90 年代初），20 世纪 80 年代，环保意识的崛起如空气质量和温室效应，人们又逐渐开始新能源话题，包括纯电动车。但是，这距离上次纯电动车的辉煌已经有近 70 年的空白时间。

### 1.1.4 第二次发展期

第二次发展期（20 世纪 90 年代至今）。1990 年，通用汽车在洛杉矶车展上发布了一款名为 Impact 的纯电动概念轿车，吹响了推动纯电动车回归的号角。很多汽车公司纷纷跟进，比如 1990 年和 1992 年宝马的纯电动车 E1 和 E2，1990 年奔驰的电动 190E，1992 年福特钙硫电池的 Ecostar，1995 年大众的电动版高尔夫 CityStromer，1996 年丰田镍氢电池的 RAV4LEV，1996 年通用的 EV1，1996 年雷诺的 Clio，1997 年日产的世界第一辆锂离子电池的电动车 Prairie Joy EV 等。

以通用纯电动车 EV1 为例。1996 年，初代 EV1 使用铅酸蓄电池，蓄电池容量约为 17kW·h，续航里程 97km；1999 年，第二代 EV1 使用能量密度更高的镍氢蓄电池，电池容量约为 26kW·h，续航里程增至 160～230km。2002 年，虽然通用终止了 EV1 项目（传言是电池技术瓶颈和较低的利润率），但是 EV1 作为纯电动车大规模商业化一次伟大的尝试，验证了纯电动车替代汽油车的可能性。

进入 21 世纪，车用电池，电机和控制系统等技术进步极大地推动了纯电动车的市场化。比如金属氧化物半导体，微型控制器，单片机和功率转换器，提高了电力利用率，降低了成本。另外，商业化锂电池取代了铅酸电池，由于前者能量密度更高，更轻，循环寿命更长，充电速度更快。

21 世纪初纯电动车产业进入到第二次高速发展期。首先纯电动车数量增速快。2011 年，全球大约有将近 50 万辆电动车。到 2018 年底，全球范围内插电式电动汽车库存达到 510 万辆，纯电动汽车达到 330 万辆。其次很多国家提出了禁售汽油车的时间表（以 2025 年到 2050 年不等）。最重要的特征之一是出现了更多品牌的纯电动车，包括传统和新兴车企。传统车企在暗暗发力，包括通用 Bolt、三菱 i-MiEV、奥迪 e-tron、宝马 i3 等。新兴电动车企尤为抢眼，比如 2003 年成立的美国特斯拉公司，在 2006 年推出世界首款使用锂离子电池的续航里程达 320km 的量产纯电动跑车 Roadster，在 2012 年推出续航达 610km 的纯电动 ModelS，2016 年推出了相对便宜的达 L2 自动驾驶级别的纯电动 Model3。2010 年中国比亚迪推出使用磷酸铁锂电池的纯电动车 e6，续航里程达 300km，是当时世界续航里程最长，首款大批量面向大众的纯电动乘用车。近年来，特斯拉和比亚迪这两家企业成为纯电动车销量最高的车企。

## 1.2　充电设施发展史

在新能源汽车应用规模快速增长的需求拉动和政策驱动的双向推进下，我国充电基础设施实现快速发展。充电基础设施是指为电动汽车的动力电池提供充电或动力电池快速更换的相关设施，包括交流充电设施、直流充电设施和换电设施等。目前，国内充电基础设施分为直流充电设施和交流充电设施，两者在公共领域占比分别为 40.41% 和 59.59%。除了充电基础设施外，我国还有换电设施，即能够快速为换电式电动汽车提供快速更换电池的设施设备，主要用于出租、重卡等领域。截至 2021 年 6 月，全国充电基础设施累计数量为 194.7 万台，1～6 月新增 26.6 万台，同比增长 176.0%，随车配建充电设施同比上升 147.9%。排名前十的公共充电基础设施建设区域分别为：广东、上海、北京、江苏、浙江、山东、湖北、安徽、河南、河北，这些地区建设的公共充电基础设施占比达 72.3%。2006～2021 年，中国充电基础设施市场的发展经历了以下三个阶段。

### 1.2.1 萌芽阶段

从无到有的萌芽阶段（2006～2014 年）。2006 年，比亚迪在深圳总部建成深圳首个电动汽车充电站。2008 年，北京市奥运会期间建设了国内第一个集中式充电站，可满足 50 辆纯电动大巴车的动力电池充电需求。2009 年 10 月，上海市电力公司投资建成上海漕溪电动汽车充电站，是国内第一座具有商业运营功能的电动汽车充电站。2009 年底，北京首科集团在健翔桥建设完成了国内第一个包含完整智能微网的北京纯电动乘用车示范充电站。2010 年 3 月 31 日，国家电网有限公司（简称国家电网公司）唐山南湖充电站建成投运，是我国首座国家电网典型设计充电站，可同时为 10 台电动汽车按快充和慢充两种方式进行充电作业。

萌芽阶段主要以集中建设充电站为主，主要满足的是企业的大规模电动用车和区域性电动用车的需求。这一时期的纯电动汽车续航在 250km 左右。

在这个充换电行业的起步阶段，也只有零星有核心资源或者国有的企业才敢于进入市场进行博弈。而当时国外的充换电行业也是刚刚起步，无法找到合适的发展模式进行参考。所以 2012 年前，由国家电网公司和南方电网公司提出的"电池替代"为主的发展模式就应运而生了。确定了"以换电为主，插充电为辅，集中充电，统一配电"的运营模式。

2012 年 6 月 28 日，国务院印发的《节能与新能源汽车产业发展规划（2012－2020 年）》中提到，因地制宜建设慢充桩和公共快速换电设施，从侧面影响国电对于未来充换电行业发展的看法。随后国家电网对换电站的投资速度开始放缓，2014 年 1 月，国家电网公司工作会议提出，按照"主导快充、兼顾慢充、引导换电、经济实用"的原则，优化充换电服务网络规划和布局。这不仅在一定程度上确立了充电模式的发展方向，也为充电桩行业下一个阶段的到来做好了铺垫。

### 1.2.2 发展阶段

从有到管理的发展阶段（2014～2019 年）。201～2019 年，不单单是充换电发展的一个重要阶段，也是我国新能源汽车的一个发展核心阶段。2014 年新能源汽车销量 7.48 万辆，实现了 324.79% 的同比增长，2015 年，新能源汽车销量突破 10 万大关，销售 33.11 万辆，连续来两年实现 300% 以上的同比增长。

而充电模式的发展方向确定了，新能源汽车销量不断上升，还有新能源激励政策的出台，原来靠着核心资源建造充电站的企业已经远远满足不了市场的需求了，此时的市场需要大量的资金和技术。整体的使用场景，也由原来的集中式、区域性充电站，变成了重点区域与区域间的长短途连接作为主要场景。

而其中，最为让人津津乐道的莫过于打通"南北充电之路"第一人宗毅。2014 年 3 月，宗毅得知自己的特斯拉已经入关，但他身在广州，只能到北京提车。宗毅决定不仅要把特斯拉开回去，还要购买 20 个特斯拉充电桩，自建一条从北京到广州的南北电动车充电之路。最后经过 20 日昼夜零油耗穿越南北，把车开回了广州。一路宣讲一路免费捐建充电桩，沿途布局 16 个城市据点，以别开生面的方式成功开辟了中国首个南北充电之路。

就此事件，特斯拉中国总部受宗毅启发，正式启动目的地充电项目。恰好 2014 的 5 月，国家电网公司在北京召开新开放分布式电源并网工程、电动汽车充换电站设施市场发布会。全面开放分布式发电并网工程，以及慢充、快充等各类电动汽车充换电设施市场。国家电网公司将重点发展电动汽车直流快充领域，进一步放开交流慢充市场，引入社会资金和力量参与慢充设施建设。而且 2015 年 10 月，我国发布了《电动汽车充电基础设施发展指南（2015～2020 年）》，还规划出了未来 5 年的发展目标，更加坚定了充换电基建的决心，让很多投资者看到了商机。

有了更多的资本进入了充换电行业，行业也如雨后春笋一般，快速生长。对于一个新兴行业，充换电行业的问题也就慢慢显露，过快的发展暴露出的是相应政策和规则的不完善，导致了很多滥竽充数的企业出现，充电桩落地后的实际效果也不好，经常出现僵尸桩，有桩无电的尴尬境地。越来越多的充电桩和需求者，合理分配充电桩和充电桩的相应服务也随机出现问题，不互通、难对接，一度让充电难上加难。

因此，2015～2019 年，有关部门和机构发布了电动汽车充电接口和通信协议五项新的国家标准和《电动汽车充换电服务信息交换》系列标准来对行业进行了更加规范的管理。对处在发展阶段的充电桩行业来说，这些标准可以引导行业走向很好的方向，由此可以看出我国对于此行业的重视。

### 1.2.3　爆发阶段

经过了 2014～2019 年的行业发展，现在的充换电行业已经初步形成了完整的供应链格局，头部企业也慢慢浮现。虽然受到了疫情的影响，但纵观行业的形势还是一片大好，大有蓄势爆发的趋势。

首先是 2020 年，充电基础设施建设再次受到国家重视，把"充电桩建设"纳入了新基建的一部分，瞬间又点燃了资本的投资热情。

对于新能源汽车方面，2020 年新能源汽车产销量先抑后扬，分别为 136.6 万辆和 136.7 万辆，均创历史新高，同比分别增长 7.5% 和 10.9%。从工信部和权威机构的预计中，2021 年会有更大惊喜，我国新能源汽车销量增速很可能超过 30%，达到 180 万辆。

为贯彻国务院常务会议部署，2021 年商务部等 12 部门联合印发《关于提振大宗消费重点消费促进释放农村消费潜力若干措施的通知》，其中就提到改善汽车使用条件，加强停车场、充电桩等设施建设，鼓励充电桩运营企业适当下调充电服务费等信息。进一步说明了充电桩下乡的决心，而场景也再度进行前进，由重点区域的覆盖到区域与区域间的联通到现在的全面覆盖，让充电桩进入县进入乡，那可想而知，之后的充换电市场体量还是足够大。

2021 年，各大新能源汽车厂家也在新一年上线了更多的车型，国务院办公厅在近期也印发的《新能源汽车产业发展规划（2021～2035 年)》的规划，方方面面都在诉说这行业正在向上而生。加上 2020 年新增超 2.5 万家充电桩相关企业，行业呈现出百家争鸣的景象。

# 第 2 章

# 电 工 基 础

## 2.1 电路基础知识

### 2.1.1 电路和电路图

电路是为了某种需要,将电气设备和电子元件按照一定方式连接起来的电流通路。电路图是为了研究和工程的实际需要,用国家标准化符号绘制的、表示电路设备装置组成和连接关系的见图。

电路一般都是由电源、负载、控制设备和连接导线 4 个基本部分组成的。不管实际电路简单或者复杂,总可归纳为三部分组成:①电源或信号源,是向电路提供电能或信号的部件。因为电路中的电压、电流是在电源或信号源的激发下产生的,所以电源或信号源又称为激励源或激励。②用电设备又称为负载,是取用电能或输出信号的装置,用以实现电能(电信号)转化成其他形式的能量(信号)③中间环节,起传输、控制、保护、处理等作用。图 2-1 为最简单的电路图。

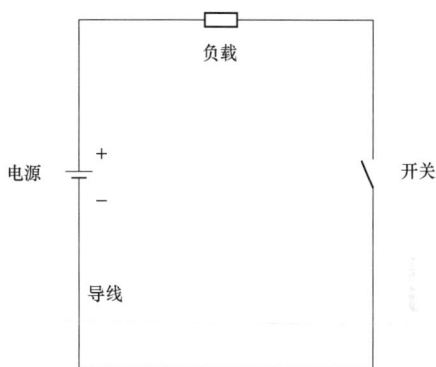

图 2-1　电路图

实际电路的种类繁多,功能各异,通过归纳可得出基本功能有:①实现电能的转化、传输和分配,比如电力系统把发电机生产的电能通过变压器、输电线路等设备输送到用电设备供用户使用。②实现信号的传递、处理和转换,比如电话线路、扩音器线路、计算机线路等。

### 2.1.2 电路元件

组成实际电路的器件都有各自的电磁性质,且每一种器件的电磁性质并不是单一的。为了便于对电路进行分析、计算,有时在一定条件下忽略实际元器件的次要性质、突出主要性质,只集中表现一种主要的电磁性能,这种把实际器件进行理想化处理后的模型成为理想电路元件,简称电路元件。实际元器件可用一种或几种电路元件的组合来近似表示。

理想电路元件都用特定的图形符号来表示，图 2-2 为几种常见的理想电路元件的图形符号，每一种都只表示一种电磁性质，各自具有确定的电磁性能和数学定义。理想导体是阻值为零的电阻元件，用线段表示。

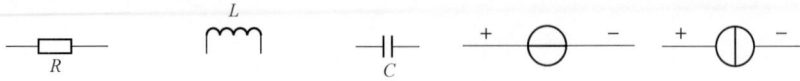

图 2-2  电阻元件、电感元件、电容元件、电压源、电流源

基本的电路元件有两大类：无源元件和有源元件。不产生能量的电阻元件、电感元件和电容元件是无源元件；为电路提供电能或信号的元件为有源元件，有源元件包括电压源、电流源和受控源。

### 2.1.3  电路模型

由理想电路元件的图形符号连接起来模拟实际电路的连接关系及功能的图形，称为电路模型，又称为电路。实际器件和实际电路种类繁多，而理想电路元件只有有限的几种，用理想电路元件建立的电路模型将使电路的研究大大简化。在电路理论中，常借助这种电路模型来分析和研究各种无论是简单还是复杂的实际电路。电路模型及电路图如图 2-3 所示。

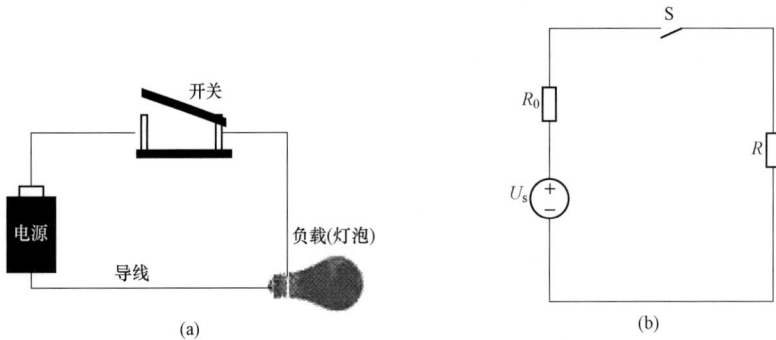

图 2-3  电路模型及电路图
(a) 电路模型；(b) 电路图

建立电路模型时应使其外部特性与实际器件和电路的外特性尽量接近，一般应指明它们的工作条件，如频率、电压、电流、功率和温度范围等。

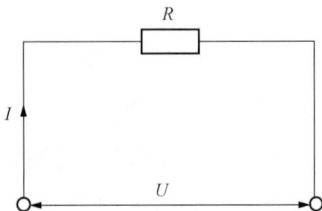

图 2-4  欧姆定律电路

### 2.1.4  电路的欧姆定律

欧姆定律是反映电路中电压、电流和电阻之间关系的定律。欧姆定律指出，当导体温度不变时，通过导体的电流与加在导体两端的电压成正比，而与其电阻成反比。欧姆定律电路如图 2-4 所示。

$$U = IR \text{ 或 } I = U/R$$

### 2.1.5　功率和电能

#### 2.1.5.1　功率

功率是单位时间内元件发出或吸收的电能。设电路任意两点间的电压为 U，流入此部分的电流为 $I$，则这部分电路消耗（吸收）的功率为 P，直流电功率等于它的电压和电流的乘积，即

$$P = UI$$

式中　P——负载功率，W；

　　　 $U$——负载两端的电压，V；

　　　 $I$——通过负载的电流，A。

功率的单位是 W（瓦特），常用单位还有 kW、MW，它们之间的换算关系为

$$1kW = 1000W, 1MW = 1000kW$$

功率计算公式也可写成

$$P = I_2R = U_2/R$$

#### 2.1.5.2　电能

电动机、电灯等用电负荷的功率只反映它们的工作能力，而它们完成的工作量则需通过电能来反映。电能的大小除了与功率有关外，还与工作时间有关。电能 W 就是用来表示电力在一段时间内所做的功，即

$$W = Pt$$

式中　$t$——时间，s；

　　　 P——功率，W。

国际单位中，电能的单位是 J（焦耳），它表示功率为 1W 的用电设备在 1s 时间内所消耗的电能。实用中的电能单位还有 kWh（千瓦时），即通常所说的 1 度电，有换算关系

$$1 度电 = 1kWh = 3600kJ$$

# 2.2　三相交流电路

最大值相等、频率相等、相位互差 $120°$ 的 3 个正弦交流电动势称为三相对称电动势，由三相对称电动势所组成的电源称为三相对称交流电源，每一个电动势便是电源的一相。采用三相制供电的电路系统，称为三相交流电路。

### 2.2.1　三相电源的连接

通常，把三相电源（包括发电机和变压器）的三相绕组接成星形或三角形向外供电。

#### 2.2.1.1　三相电源的星形连接

将对称三相电源的尾端 X、Y、Z 连在一起，首端 A、B、C 引出作输出线，这种连接成为三相电源的星形连接，如图 2 - 1（a）所示。

连接在一起的 X、Y、Z 点称为三相电源的中性点，用 N 表示，从中性点引出的线称为中性线。三个电源首端 A、B、C 引出的线称为相线（俗称火线或端线）。

电源每相绕组两端的电压称为电源的相电压，电源相电压用符号 $U_A$、$U_B$、$U_C$ 表示；而相线之间的电压称为线电压，用 $U_{AB}$、$U_{BC}$、$U_{CA}$ 表示。一般规定线电压的方向是由 A 线指向 B 线，B 线指向 C 线，C 线指向 A 线。

三相电源星形连接可以有两种供电方式，一种是三相四线制（三条相线和一条中性线），另一种是三相三线制，即无中性线。目前电力网的低压供电系统（又称民用电）为三相四线制，此系统供电的线电压为 380V，相电压为 220V，通常写作电源电压 380/220V。

#### 2.2.1.2　三相电源的三角形连接

三相电源的星形连接和三角形连接如图 2-5 所示，将对称三相电源中的三个单相电源首尾连接，由三个连接点引出三条相线就形成三角形连接的对称三相电源。

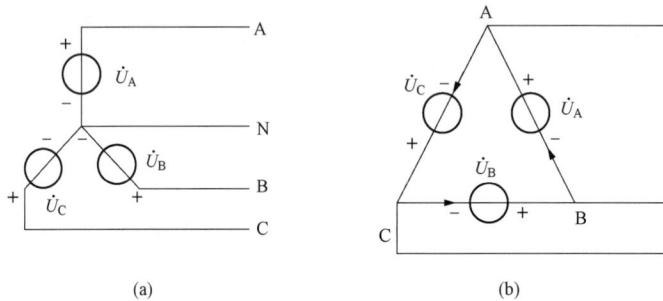

图 2-5　三相电源的星形连接和三角形连接

（a）星形连接；（b）三角形连接

对称三相电源三角形连接时，只有三条相线，没有中性线，它一定是三相三线制供电。在图 2-5 中可以明显地看出，线电压就是对应的相电压。

三相电源相电压和线电压有以下特点：

（1）电源线电压、相电压都是对称的；

（2）电源星形（Y）连接时，线电压等于 $\sqrt{3}$ 倍的相电压，及 $U_L=\sqrt{3}U_P$，且线电压相位超前对应相电压 $30°$；

（3）电源三角形（△）连接时，线电压等于对应的相电压。

### 2.2.2　三相负载的连接

三相负载的连接也有星形和三角形两种。

#### 2.2.2.1　三相负载的星形连接

如果三个单相负载连接成星形，则成为星形连接负载。如果各相负载是有极性的，则必须同三相电源一样按各相末端（或各相首端）相连接成中性点，否则将造成不对称。如果各相负载没有极性，则可以任意连接成星形。星形连接负载引出三条相线向外连接至三相电源的相线,而将负载中性点 n 连接到三相电源的中性线,星形连接负载如图 2-6 所示。

负载星形连接时,线电流等于对应的相电流。在三相四线制电路中,流过中性线的电流称为中性线电流。如果三相电流对称,则中性线电流为 0。

#### 2.2.2.2 三相负载的三角形连接

当三相负载连接成三角形,则成为三角形连接负载。如果各相负载是有极性的,则必须同三相电源一样,注意极性连接的顺序。图 2-7 为三角形连接负载。

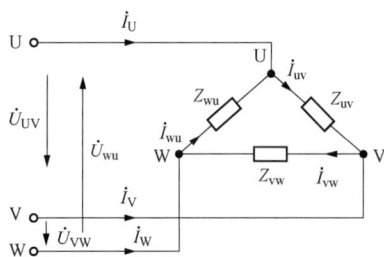

图 2-6 星形连接负载

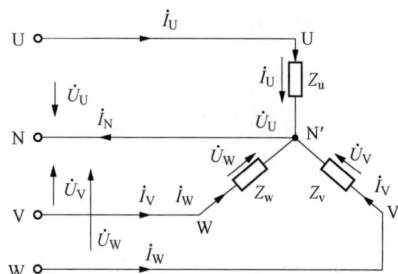

图 2-7 三角形连接负载

如果三相负载相电流对称,线电流等于 $\sqrt{3}$ 倍的相电流,且线电流的相位滞后于对应的相电流 30°。另外,对于三相三线制电路,无论电流对称与否,三个相电流之和恒为 0。

综上所述,三相负载星形和三角形连接时,其负载电流有以下特点:

(1)三相负载星形连接时,线电流等于对应的相电流;

(2)三角形连接时,线电流等于对应的相电流之差;

(3)如果三相负载对称,则相电流、线电流均对称。且负载三角形连接时线电流大小的有效值等于相电流有效值的 $\sqrt{3}$ 倍,而线电流滞后相应的相电流 30°。

组成三相交流电路的每一相电路是单相交流电路。整个三相交流电路则是由三个单相交流电路所组成的复杂电路,它的分析方法通常是以单相交流电路的分析方法为基础的。对于一个三相电路而言,不论负载接成星形或三角形,三相总功率就是各相功率的总和,即三相电路的总功率等于各相功率之和,这是计算三相电路功率总的原则。不论是有功功率还是无功功率,都应符合这个原则。

# 2.3 电力电子基础知识

## 2.3.1 电力电子技术的定义

电力电子技术是在电子、电力与控制技术基础上发展起来的一门新兴交叉学科。就其内容而言,电力电子技术主要完成各种电能形式的变换,以电能输入—输出变换的形式来分,主要包括以下四种基本变换。

(1)交流—直流(AC-DC)变换。交流—直流的变换一般称为整流,完成交流—直流变换的电力电子装置称为整流器(Rectifier)。交流—直流变换常应用于直流电动机调速、蓄电池充电、电镀、电解以及其他直流电源等。

（2）直流—交流（DC-AC）变换。直流—交流的变换一般称为逆变，这是与整流相反的变换形式，完成直流—交流变换的电力电子装置称为逆变器（Inverter）。当逆变器的交流输出与电网相连时，其直流—交流的变换称为有源逆变；当逆变器的交流输出与电机等无源负载连接时，其直流—交流的变换称为无源逆变。有源逆变实际上是整流器的逆运行状态，主要用于电能的联网馈电，如太阳能、风能等新能源的并网发电等；无源逆变主要用于交流调速、恒频恒压（CFCV）逆变电源、不间断供电电源（UPS）以及中频感应加热电源等。

（3）交流—交流（AC-AC）变换。交流—交流变换主要有交流调压和交—交变频两种基本形式，其中：交流调压只调节交流电压而频率不变，常应用于调温、调光、交流电动机的调压调速等场合；交—交变频则是频率和电压均可调节，完成交—交变频的电力电子装置也称为周波变换器，主要用于大功率交流变频调速等场合。

（4）直流—直流（DC-DC）变换。直流—直流变换主要完成直流电压幅值和极性的调节与变换，主要包括升压、降压和升—降压变换等。采用脉宽调制（PWM）技术实现直流—直流变换的电力电子装置一般称为斩波器。直流—直流变换常应用于开关电源、电动汽车、电池管理、升降压直流变换器等。

## 2.3.2　电力电子器件的分类

电力电子器件是指能实现电能变换或控制的电子器件。按照电力电子器件能够被控制电路信号所控制的程度，可分为：

（1）不可控器件。它不能用控制信号控制其通断，器件的导通与关断完全由自身在电路中承受的电压和电流来决定。这类器件主要指功率二极管。

（2）半控型器件。指通过控制信号能控制其导通而不能控制其关断的电力电子器件。这类器件主要是指晶闸管，它由普通晶闸管及其派生器件组成。

（3）全控型器件。指通过控制信号既可以控制其导通，又可以控制其关断的电力电子器件。这类器件的品种很多，目前常用的由门极可关断晶闸管（GTO）、电力晶体管（GTR）、功率场效应管（Power MOSFET）和绝缘栅双极型晶体管（IGBT）等。

# 第 3 章

# 电力安全防护与常用测量仪器仪表使用

## 3.1  电力安全生产及防护

### 3.1.1  营销现场作业的基本要求

#### 3.1.1.1  作业人员

（1）经医师鉴定，无妨碍工作的病症（体格检查每两年至少一次）。

（2）具备必要的安全生产知识，学会紧急救护方法，特别要学会触电急救。

（3）接受相应的安全生产知识教育和岗位技能培训，掌握营销现场作业必备的电气知识和业务技能，并按工作性质，熟悉本规程的相关部分，经考试合格后上岗。

（4）作业人员应被告知其作业现场和工作岗位存在的危险因素、防范措施及事故紧急处理措施。作业前，设备运维管理单位应告知现场电气设备接线情况、危险点和安全注意事项。

（5）进入作业现场应正确佩戴安全帽（实验室计量工作除外），现场作业人员还应穿全棉长袖工作服、绝缘鞋。

（6）作业人员对本规程应每年考试一次。因故间断电气工作连续三个月及以上者，应重新学习本规程，并经考试合格后，方可恢复工作。

（7）新参加电气工作的人员、实习人员和临时参加劳动的人员（管理人员、非全日制用工等），必须参加安全生产知识教育，并经考试合格后，方可下现场参加指定的工作，并且不得单独工作。

（8）特种作业人员应按照国家规定的培训大纲，接受与本工种相适应的、专门的安全技术培训，经考核合格取得《特种作业操作证》，并经本单位书面批准后，方可参加相应的作业。

#### 3.1.1.2  作业现场

（1）作业现场的生产条件和安全设施等应符合有关标准、规范的要求，作业人员的劳动防护用品应合格、齐备。

（2）经常有人工作的场所及施工车辆上宜配备急救箱，存放急救用品，并应指定专人经常检查、补充或更换。

（3）进出屏、柜、箱等现场设备的电缆及接线应有标识牌或编号，孔洞应用防火材料严密封堵。

（4）设备运维管理单位应将配电站、开闭所的井、坑、孔、洞或沟（槽）覆以与地面齐平而坚固的盖板，所有吊物孔、没有盖板的孔洞、楼梯和平台，应装设符合安全要求的栏杆和护板。

（5）计量装置、充换电设备等检查、检修的门应开启灵活，朝向外开。

（6）进入 $SF_6$ 装置室，应确认能报警的氧含量仪和 $SF_6$ 气体泄漏报警仪无异常报警后，方可进入。入口处若无 $SF_6$ 气体含量显示器，应先通风 15min，并用检漏仪测量 $SF_6$ 气体含量合格。不宜一人进入 $SF_6$ 配电装置室进行巡视，不准一人进入从事工作。工作区空气中 $SF_6$ 气体含量不得超过 $1000\mu L/L$。

（7）在多电源和有自备电源的客户线路的高压系统接入点，应有明显断开点。

（8）现场作业过程中，要防止误入高压带电区域，无论设备是否带电，作业人员严禁擅自穿、跨越安全围栏或超越安全警戒线，不得单独移开或越过遮栏进行工作。

（9）现场作业过程中，应提前观察周围应急逃生路线指示和消防通道等，不得进行和工作无关的作业。

（10）在夜间、雾天、地下、电缆隧道以及室内作业，应有足够的照明。

（11）金属计量箱的箱体、充电桩外壳等设备的接地电阻应合格。

（12）对于风险较高的营销现场作业（如变电站、电厂内作业，以及高压部位需停电并做安全措施的作业），宜开启视频监控设备，对工作现场进行监控。视频设备应放置合理、牢固，宜具备定位、实时对讲功能。视频设备宜与相关业务应用系统挂接，视频、音频的开启与录制宜满足相关监控需求。

### 3.1.2　充换电服务相关工作

#### 3.1.2.1　充换电设备安装、调试及接入

（1）充电站建设、充电设备安装应符合有关标准、规定要求。

（2）充电桩、整流柜等充换电设备带电前，本体外壳应可靠且明显接地。

（3）充换电设备准备启动时，其附近应设遮栏及安全标志牌，并派专人看守。

#### 3.1.2.2　充换电站巡视

（1）充换电设备巡视人员每组不应少于两人。火灾、雷电、地震、台风、洪水、泥石流等灾害发生时，若需对充换电设备巡视，应得到充电设施管理单位（部门）批准。巡视人员与派出部门之间应保持通信畅通。

（2）巡视人员在巡视过程中发现充电机、充电桩外壳漏电、设备响声异常、产生烟雾火花及严重缺陷时，应立即停止巡视，对充电桩进行断电处理，采取相应安全措施，并上

报充电设施管理单位。

（3）巡视过程中，巡视人员不得单独开启箱（柜）门，开启箱（柜）门前应验电。

（4）巡视人员发现接地线和接地体连接不可靠或锈蚀严重问题，应立即上报，并停电进行现场处理，直至接地电阻重新测量合格，确保充电站接地系统良好。

### 3.1.2.3　充换电设备清扫保养

（1）充换电设备清扫作业每组应不少于两人，设备清扫需将充换电设备断电。

（2）清扫充换电设备精密元器件时，应戴防静电手套，防止造成元器件损坏。

（3）清扫风扇等设备时，严禁作业人员将手指伸入。

（4）一体式充电机进线或整流柜进线带电清扫时，应采取绝缘隔离措施防止相间短路或单相接地。

### 3.1.2.4　充换电站检修

（1）检修工作时，拆开的引线、断开的线头应采取绝缘包裹等遮蔽措施。因检修试验需要解开设备接头时，拆前应做好标记，接后应进行检查。

（2）变更接线或试验结束，应断开试验电源，并将升压设备的高压部分放电、短路接地。

（3）抢修消缺时，需断开充电机交流进线开关，并在进线开关设置隔离挡板，防止工器具或其他物体掉落引发短路故障。

（4）充换电设备断电后，需等待 2～3min，待充电机所有信号指示灯熄灭后，经验电确定无电后方可进行作业。

### 3.1.2.5　现场充（换）电服务

（1）充电操作前，应检查充电设备是否运行正常，严禁在桩体损坏、正在检修的设备上进行充电操作。

（2）充电时应将充电枪完全插入充电口内，避免因雨淋漏电造成人身或设备伤害。

（3）充电时发生电池高温预警、充电模块高温预警等危及设备和人身安全的情况，应立即按下急停按钮，严禁拔出正在充电的充电枪。

（4）充电完成后，应将充电枪归位放好，巡视人员进行巡视工作时，应将未归位充电桩及时归位。

## 3.2　常用测量仪器仪表使用

### 3.2.1　万用表

万用表也称多用表，是万用电表的简称，它具有多种测量功能，操作简单，且携带方便，已成为应用最广泛的电工、电子测量仪表之一。能够掌握万用表的使用方法和技巧，是快速判断元器件好坏、检测电气设备线路（或电路）是否正常的基础。

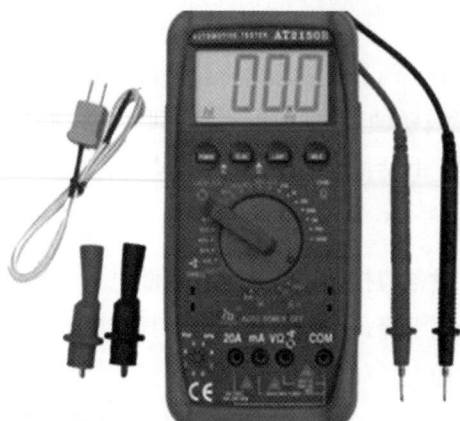

图 3-1 数字式万用表

### 3.2.1.1 数字式万用表结构

数字万用表采用了数字显示、电压表头，数字万用表的内阻比指针万用表高得多，因此，它精度高、用途广、使用简便，被人们广泛应用于各种测量。图 3-1 为数字式万用表。

数字式万用表主要由表头、测量电路及转换开关等三个主要部分组成，作用如下：

（1）表头的作用：一般由一只 A/D（模拟/数字）转换芯片＋外围元件＋液晶显示器组成，为磁电系测量机构，它只能通过直流，利用二极管将交流变为直流，从而实现交流电的测量。测量值由液晶显示屏直接以数字的形式显示。

（2）测量线路的作用：用来将不同性质和大小的被测电量转换为表头所能接受的直流电流。由电阻、半导体元件及电池组成。将各种不同的被测量（如电流、电压、电阻等）、不同的量程，经过一系列的处理（如整流、分流、分压等）统一变成一定量限的微小直流电流送入表头进行测量。

（3）转换开关的作用：用来选择各种不同的测量线路，选择被测电量的种类和量程（或倍率），以满足不同种类和不同量程的测量要求。转换开关一般是一个圆形拨盘，在其周围分别标有功能和量程。

不同的数字式万用表面板略有不同，数字式万用表面板如图 3-2 所示。

### 3.2.1.2 数字式万用表原理

数字万用表测量的基本量是电压。测量时，由功能选择开关把被测的电流、电阻和交流电压等各种输入信号分别通过相应的功能变换，变换成直流电压，按照规定的路线送到量程选择开关，再把限定的直流电压加到"模/数（A/D）转换器"，经显示屏显示。图 3-3 为数字式万用表原理基本框图。

实质上数字万用表，就是在直流数字电压表的基础上，加有一定的变换装置构成。这种变换器是装在直流数字电压表内，通过转换开关变换。因为数字万用表内部用集成电路转换，又扩展出许多功能，能测量电容

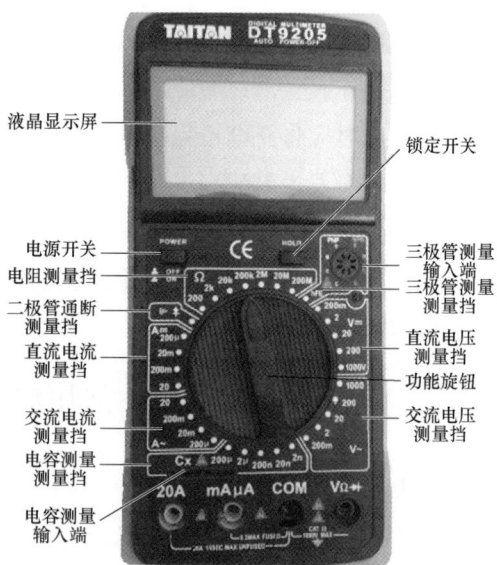

图 3-2 数字式万用表面板

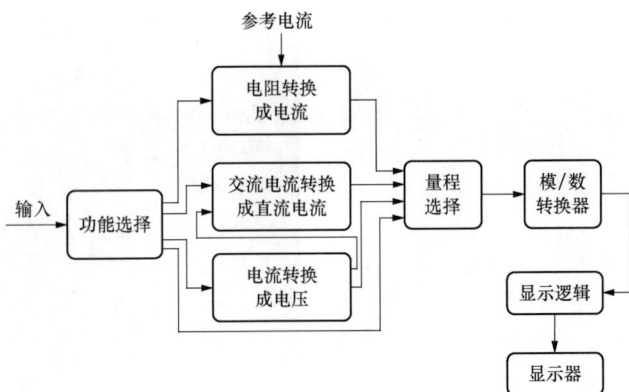

参考电流

图 3-3　数字式万用表基本框图

量、电源频率等。

### 3.2.1.3　数字式万用表使用方法

**1. 准备工作**

（1）连接测试表笔。数字式万用表有两支表笔，分别用红色和黑色标识，测量时将红色的表笔插到"＋"端，黑色的表笔插到"－"或"COM"端。如图 3-4（a）所示。

（2）设置测量范围。数字式万用表使用前不用像指针式万用表那样需要机械调零和零Ω调整，只需要根据被测量的种类及大小，选择功能旋钮的挡位及量程。如图 3-4（b）所示。

（3）打开电源开关。测量范围设置好后，按下电源键，将数字万用表开。如图 3-4（c）所示。

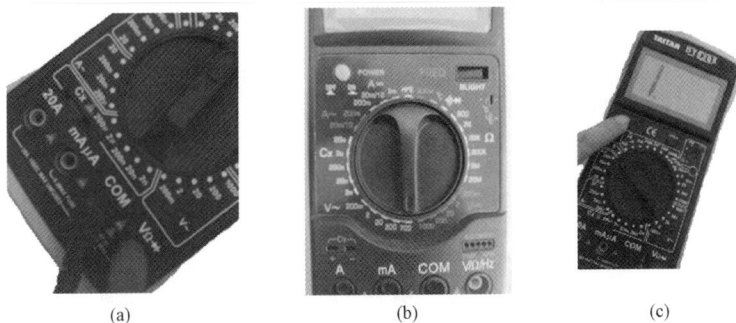

（a）　　　　　　　　　（b）　　　　　　　　　（c）

图 3-4　数字式万用表使用方法

（a）连接测试表笔；（b）设置测量范围；（c）打开电源开关

**2. 测量电流**

万用表电流挡分为交流挡与直流挡两个，当测量电流时，必须将万用表指针打到相应的挡位上才能进行测量。交流或直流挡位如图 3-5 所示。

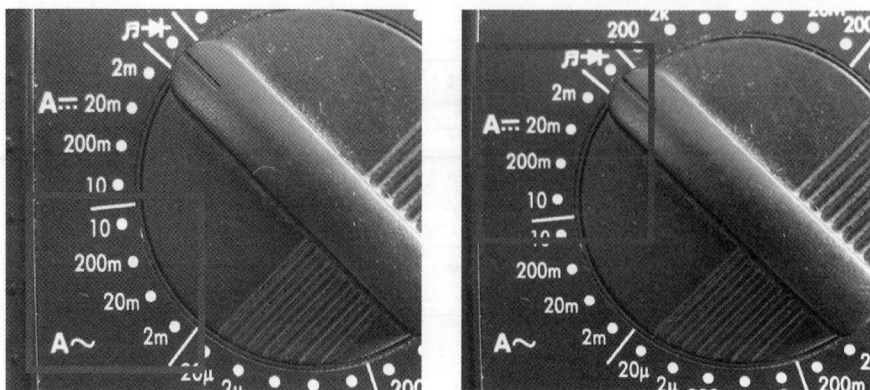

图 3-5　交流或直流挡位

　　用万用表测量电流如图 3-6 所示，在测量电流时，若使用 mA 挡进行测量，须把万用表黑表笔插在 COM 孔上，把红表笔插在 mA 挡上，如图 3-6（a）所示。若使用 10A 挡进行测量，则黑表笔不变，仍插在 COM 孔上，而把红表笔拔出插到 10A 孔上，如图 3-6（b）所示。

(a)

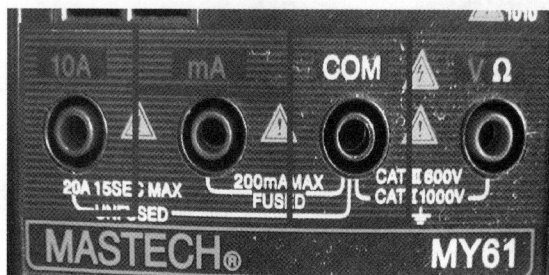

(b)

图 3-6　万用表两挡测量

（a）万用表 mA 挡；（b）万用表 10A 挡

　　如果使用前不知道被测电流范围，将功能开关置于最大量程并逐渐降低量程（不能在测量中改变量程）；如果显示器只显示"1"，表示过量程，功能开关应置于更高量程。过量程如图 3-7 所示。

3. 测量电压

选择挡位如图 3-8 所示，打开数字式万用表的开关后，将红表笔连接到相应极性插孔，黑表笔连接到"COM"极性插孔，再将功能旋钮调整至所需交、直流电压挡。

图 3-7　过量程

图 3-8　选择挡位

测电压（如图 3-9 所示）时，必须把黑表笔插于 COM 孔，红表笔插于 V 孔，如图 3-9 (a) 所示；若测直流电压，则将指针打到、直流挡位，如图 3-9（b）所示；若测交流电压，则将指针打到交流电压挡位，如图 3-9（c）所示。如果不知道被测电压范围，将功能开关置于大量程并逐渐降低量程（不能在测量中改变量程）。如果显示"1"，表示过量程，功能开关应置于更高的量程。

(a)

(b)

(c)

图 3-9　测电压

（a）插入表笔；（b）选择直流挡位；（c）选择交流挡位

另外，测量电压时有几点注意事项。一是数字表电压挡的内阻很大，至少在兆欧级，对被测电路影响很小。但极高的输出阻抗使其易受感应电压的影响，因此要注意到避免外界磁场对万用表的影响（比如有大功率用电器件在使用时）。二是当测高压时，应特别注意避免触电。三是在使用万用表过程中，不能用手去接触表笔的金属部分，这样一方面可以保证测量的准确；另一方面也可以保证人身安全。

4. 测量电阻

打开数字式万用表的开关后，将两只表笔分别连接到"Ω"极性插孔和"COM"极性插孔，再将功能旋钮调整至所需电阻测量挡，如图3-10（a）所示；将万用表的红黑表笔分别检测待测电阻的两端，如图3-10（b）所示；将万用表指针打到如左图方框所示电阻挡，黑表笔插于COM孔，红表笔插于Ω孔，再对被测电阻阻值进行测量，如图3-10（c）所示。

(a)

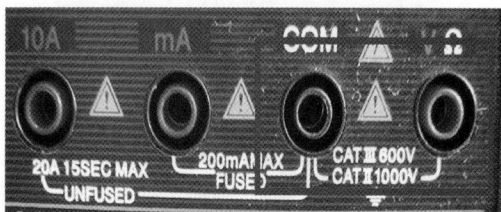
(b)

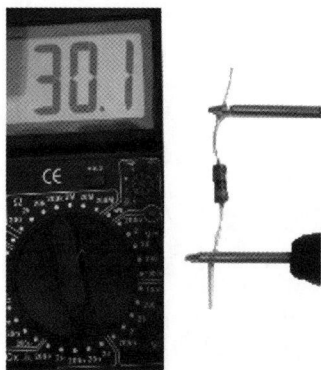
(c)

图3-10　测量电阻的过程

（a）插孔和挡位选择；（b）测量电阻；（c）测量结果

另外，测量电阻时有几点注意事项。一是如果被测电阻值超出所选择量程的最大值，将显示过量程"1"，应选择更高的量程，对于大于1MΩ或更高的电阻，要几秒钟后读数才能稳定，对于高阻值读数这是正常的。二是当无输入时，如开路情况，显示为"1"。三是当检查内部线路阻抗时，要保证被测线路所有电源断电，所有电容放电。不可带电（如电池、人体等）测量电阻，这样会导致万用表电阻精度下降，甚至损坏。

5. 测量通断

PN结导通压降通常采用二极管符号，所以也被俗称为二极管测量挡。通断测量挡通常附加到PN结压降测量挡上或电阻挡上。为了便于使用，通断测量挡设置了蜂鸣器，所以也被俗称为蜂鸣器挡，蜂鸣器挡如图3-11所示。

6. 注意事项

不要超量程使用。在测量某一电量时，不能在测量的同时换挡，尤其是在测量高电压或大电流时，更应注意。否则，会使万用表毁坏。如需换挡，应先断开表笔，换挡后再去测量。

　　禁止在测量高电压（220V 以上）或大电流（0.5A 以上）期间旋转功能/量程转换开关的旋钮，以防止产生电弧，烧毁功能/量程转换开关的触点

　　如果无法预先估计被测电压或电流的大小，则应先拨至最高量程挡测量一次，再根据实际

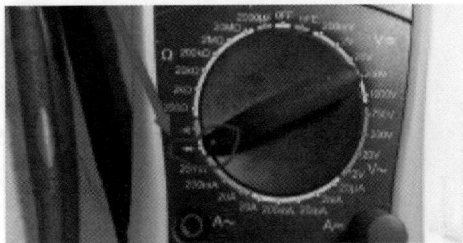

图 3 - 11　蜂鸣器挡

情况逐渐把量程减小到合适位置。测量完毕，应将功能/量程转换开关拨到最高电压挡，并断开电源开关。

　　超过测量的量程范围时，显示屏上仅在最高位显示数字"1"或其他位均消失，这时应选择更高的量程。

　　测量电压时，应将数字万用表与被测电路并联。测电流时应与被测电路串联，测直流量时不必考虑正、负极性。

　　不得随意打开仪表后盖拆卸内部线路。

　　不宜在高温高湿、易燃易爆和强磁场的环境下存放、使用仪表。

　　当 LCD 显示"BATT"或"LOW BAT"符号时，应及时更换电池。为延长使用时间，最好使用碱性电池。万用表使用完毕，应将转换开关置于"OFF"挡。如果长期不使用，还应将万用表内部的电池取出来，以免电池腐蚀表内其他器件。

　　只有在测试表笔从万用表移开并切断电源后，才能更换电池和熔丝。电池更换时注意9V 电池的使用情况，如果需要更换电池，打开后盖螺栓，用同一型号电池更换，更换熔丝时，使用相同型号的熔丝。

### 3.2.2　钳形表

#### 3.2.2.1　数字式钳形表结构

　　钳形表由一只电流互感器、钳形扳手、一个整流磁电系电流表等组成。数字式钳形表结构如图 3 - 12 所示。

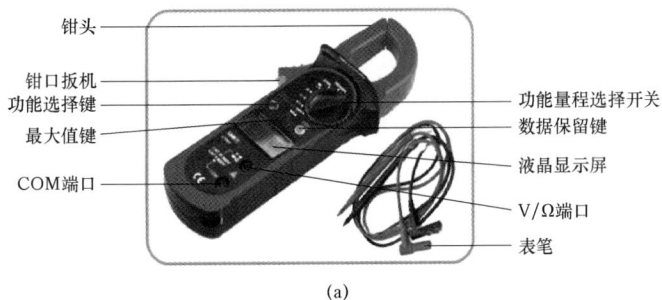

(a)

图 3 - 12　数字式钳形表结构

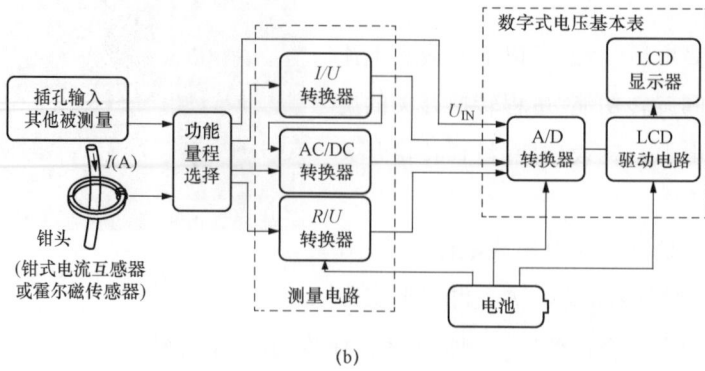

(b)

图 3-12　数字式钳形表结构（续）

### 3.2.2.2　数字式钳形表工作原理

钳形表是由电流互感器和电压表组成。被测导线卡入钳口中，成为电流互感器的初级

图 3-13　钳口线圈

线圈，在次级线圈产生感应电流。铁芯闭合是否紧密，对测量结果影响很大，且被测电流较小时，会使测量误差增大。图 3-13 为钳口线圈。

### 3.2.2.3　数字式钳形表使用方法

选择电流挡位如图 3-14（a）所示；将被测导线置于钳形窗口中央如图 3-14（b）所示。

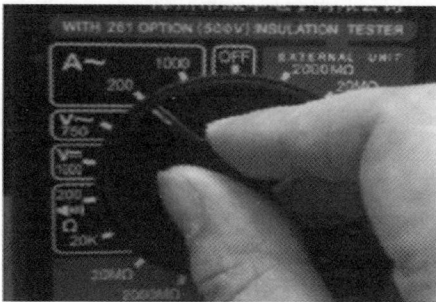

(a)

(b)

图 3-14　使用方法

（a）选择电流挡位；（b）被测导线置于钳形窗口中央

如测量小电流，则被测电流=测量读数/缠绕匝数，钳形表测量小电流如图 3-15 所示。

数字式钳形表使用时有几点注意事项。一是测量时，应使被测导线处在钳口的中央，并使钳口闭合紧密，以减少误差。二是被测线路的电压要低于钳形表的额定电压。三是钳口在测量时闭合要紧密，闭合后如有杂音．可打开钳口重合一次。若杂音仍不能消除时，应检查磁路上各结合面是否光洁，有尘污时要擦拭干净。四是测高压线路的电流时，要戴绝缘手套，穿绝缘鞋，站在绝缘垫上；身体各部位与带电体保持在安全距离（低压系统安全距离为0.1~0.3m）之内。潮湿和雷雨天气不能到室外使用钳形表。五是每次测量完毕后一定要把调节开关放在最大电流量程的位置，以防下次使用时，由于未经选择量程而造成仪表损坏。当需要长时间不使用时，请先取出电池再保存。六是要有专人保管，不用时应存放在环境干燥、温度适宜、通风良好、无强烈震动、无腐蚀性和有害成分的室内货架或柜子内加以妥善保管。

图 3-15 钳形表测量小电流

### 3.2.3 接地电阻测量仪

#### 3.2.3.1 手摇式接地电阻测量仪工作原理

手摇式接地电阻测量仪内附手摇交流发电机作为电源，其外形和摇表相似，所以又称为接地摇表。图 3-16 为 ZC-8 型接地电阻测量仪。这种测量仪的端钮有三个和四个两种。有四个端钮时，应将"P2"和"C2"短接后或分别接至被测接地体。三端钮式测量仪的"P2"和"C2"已在内部短接，故只引出一个端钮"E"，测量时直接将"E"接至被测接地体即可。端钮"P1"和"C1"分别接上电压辅助极和电流辅助极，辅助电极应按规定的距离和夹角插入地中，以构成电压和电流辅助电极。

倍数设定旋钮　电阻数值转盘　倍数显示值　平衡指针　调零螺钉
摇把
电阻数值调整旋钮
C1
P1　接线端子
P2
C2
红线

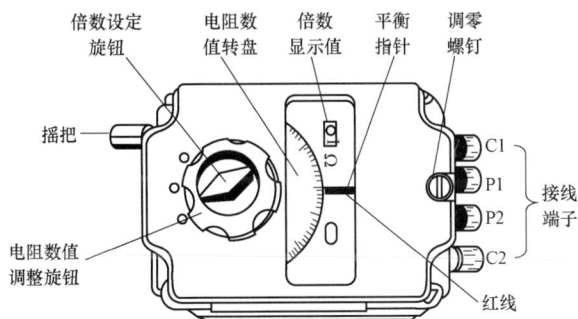

图 3-16 ZC-8 型接地电阻测量仪

仪器产生一个交变电流的恒流源。在测量接地电阻值时，恒流源从 E 端和 C 端向接地体和电流辅助极送入交变恒流，该电流在被测体上产生相应的交变电压值，仪器在 E 端和电压辅助极 P 端检测该交变电压值，数据经处理后，直接用数字显示被测接地体在所施加的交变电流下的电阻值。手摇式接地电阻测量仪测量原理如图 3-17 所示。

#### 3.2.3.2 手摇式接地电阻测量仪的使用

（1）使用前的准备工作。手摇式接地电阻测量仪会产生 100V 的电压，因此要穿戴绝缘鞋和绝缘手套；

（2）拆开接地引下线（接地干线与接地体的连接）；

（3）插入探针，与接地体之间成直线分布，插入地下的深度为 40cm；

（4）仪表平放，检流计的指针应指在中心线上；

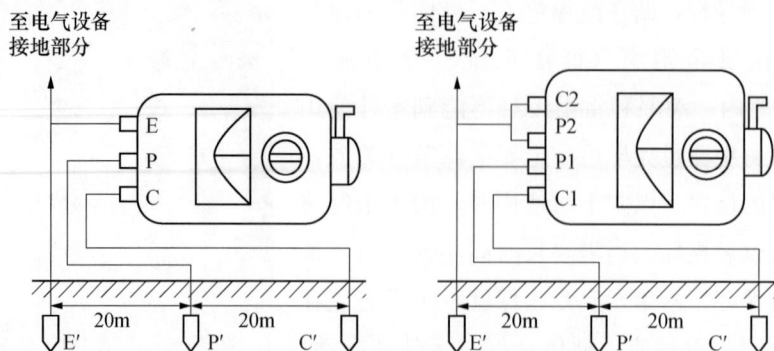

图 3-17　手摇式接地电阻测量仪测量原理

（5）连接接地体和探针；

（6）将仪表的"倍率"置于最大值；

（7）慢慢转动手柄，达到120r/min；

（8）指针不动，则将"倍率"调小；

（9）指针再次平衡后，接地电阻值＝刻度盘×倍率。

手摇式接地电阻测量仪的使用如图3-18所示。

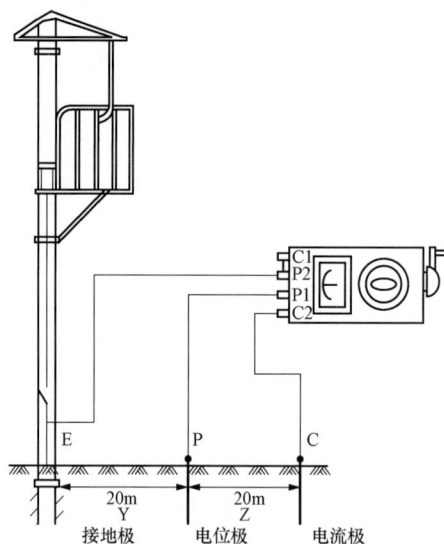

图 3-18　手摇式接地电阻测量仪的使用

# 第 4 章

# 纯电动汽车技术基础

## 4.1 纯电动汽车基本结构与工作原理

### 4.1.1 纯电动汽车定义与分类

纯电动汽车（Battery Electric Vehicle，BEV），是指以车载电源为动力，用电动机驱动车轮行驶，符合道路交通、安全法规各项要求的车辆。它利用动力电池（如铅酸电池、镍镉电池、镍氢电池或锂离子电池）作为储能动力源，通过动力电池向电动机提供电能，驱动电动机运转，从而推动汽车前进，纯电动汽车结构示意图如图 4 - 1 所示。

图 4 - 1 纯电动汽车结构示意图

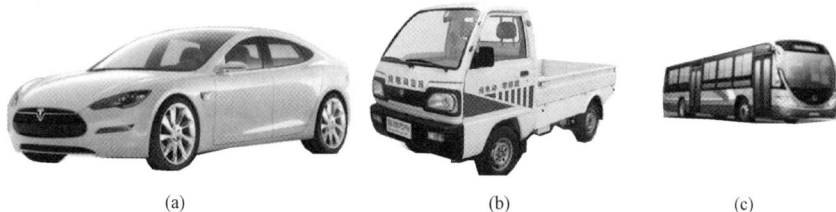

纯电动汽车发展至今，种类较多，通常按车辆用途、车载电源数目以及驱动系统布置形式进行分类。

1. 按照不同用途分类

纯电动汽车可分为纯电动轿车、纯电动货车和纯电动客车三种，如图 4 - 2 所示。

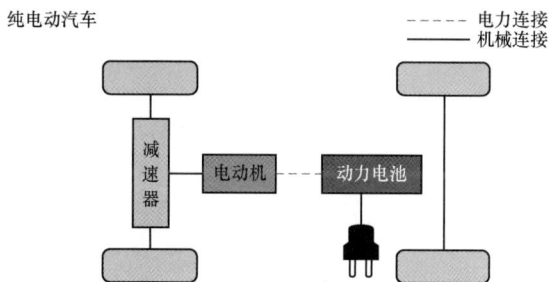

(a)　　　　　　　　　　(b)　　　　　　　　　(c)

图 4 - 2 纯电动汽车用途分类

（a）纯电动轿车；（b）纯电动货车；（c）纯电动客车

纯电动轿车是目前最常见的纯电动汽车。除了一些概念车，纯电动轿车已经有了小批量生产，并已进入汽车市场。纯电动货车用作功率运输的电动货车比较少，而在矿山、工地及一些特殊场地，则早已出现了一些大吨位的纯电动载货汽车。纯电动客车用作公共汽车，在一些城市的公交线路以及世博会、世界性的运动会上，已经有了良好的表现。

**2. 按车载电源数不同分类**

纯电动汽车可分为单电源电动汽车和蓄电池加辅助蓄能装置的多电源电动汽车两种。

（1）单电源电动汽车上的主电源就是蓄电池，有铅酸电池、镍氢电池、锂离子电池等多种。这种纯电动汽车的结构较为简单，控制也比较简便，主要缺点是主电源的瞬时输出功率容易受蓄电池性能的影响，制动能量的回馈效率也会制约于蓄电池的最大可接受电流及蓄电池的荷电状态。

（2）多电源电动汽车采用蓄电池加超级电容或蓄电池加飞轮电池的电源组合，可以降低对蓄电池容量、比能量、比功率等的要求。在汽车起步、加速、爬坡等行驶工况下，辅助蓄能装置（超级电容、飞轮电池）可短时间内输出大功率，协助蓄电池供电，使电动汽车的动力性大为提高；在汽车制动时，则利用辅助蓄能装置可接受大电流充电的特点，提高制动能量回馈的效率。

**3. 按驱动系统布置形式不同分类**

纯电动汽车驱动系统布置形式如图4-3所示。目前主要有4种基本典型结构，即传统的驱动方式、电动机—驱动桥组合式驱动方式、电动机—驱动桥整体式驱动方式、轮毂电动机分散驱动方式。

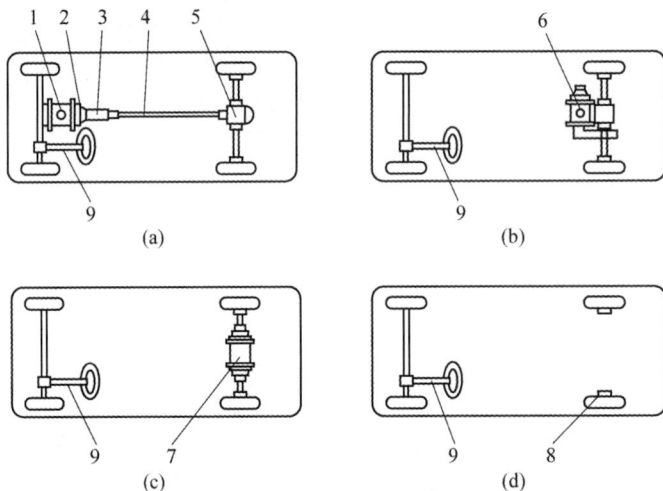

图 4-3　纯电动汽车驱动系统布置形式

（a）传动驱动形式；（b）电动机—驱动桥组合式驱动形式；

（c）电动机—驱动桥整体式驱动形式；（d）轮毂电机分散式驱动形式

1—驱动电机；2—离合器；3—变速器；4—传动轴；5—驱动桥；6—电动机—驱动桥

组合式驱动系统；7—电动机—驱动桥整体式驱动系统；8—轮毂电机；9—转向器

（1）传统驱动系统布置形式。该驱动系统仍然采用内燃机汽车的驱动系统布置方式，包括离合器、变速器、传动轴和驱动桥等总成，只是将内燃机换成电动机，属于改造型电动汽车。这种布置方式可以提高纯电动汽车的起动转矩，增加低速时纯电动汽车的后备功率。这种驱动系统布置形式有电动机前置－驱动桥前置（F-F）、电动机前置－驱动桥后置（F-R）等驱动模式。但是，这种驱动系统布置形式结构复杂、效率低，不能充分发挥驱动电动机的性能。在此基础上，还有一种简化的传统驱动系统布置形式，采用固定速比减速器，去掉离合器，这种驱动系统布置形式可减少机械传动装置的质量，缩小其体积。

（2）电动机—驱动桥组合式驱动系统布置形式。这种驱动系统布置形式即在驱动电动机端盖的输出轴处加装减速齿轮和差速器等，电动机、固定速比减速器、差速器的轴互相平行，一起组合成一个驱动整体。它通过固定速比的减速器来放大驱动电动机的输出转矩，但没有可选的变速挡位，也就省掉了离合器。这种布置形式的机械传动机构紧凑，传动效率较高，便于安装。但这种布置形式对驱动电动机的调速要求较高。按传统汽车的驱动模式来说，可以有驱动电动机前置－驱动桥前置或驱动电动机后置－驱动桥后置两种方式。这种驱动系统布置形式具有良好的通用性和互换性，便于在现有的汽车底盘上安装，使用、维修也较方便。

（3）电动机—驱动桥整体式驱动系统布置形式。这种驱动系统布置形式与发动机横向前置—前轮驱动的内燃机汽车的布置方式类似，把电动机、固定速比减速器和差速器集成为一个整体，两根半轴连接驱动车轮。电动机—驱动桥整体式驱动系统布置形式有同轴式和双联式两种。

（4）轮毂电动机分散驱动式驱动系统布置形式。轮毂电动机直接装在汽车车轮里主要有内定子外转子和内转子外定子两种结构。

4. 按驱动形式不同分类

可分为以下几类：

（1）直流电动机驱动。

（2）交流电动机驱动。

（3）双电机驱动。

（4）双绕组电动机驱动。

（5）轮毂电机驱动。

5. 按动力电池类型不同分类

（1）铅酸蓄电池。

（2）镍氢电池。

（3）锂离子电池。

（4）燃料电池。

## 4.1.2　纯电动汽车的优点

1. 无污染、噪声小

电动汽车无内燃机汽车工作时产生的废气，不产生排气污染，对环境保护和空气的洁净是十分有益的，几乎是"零污染"。内燃机汽车废气中的 CO、HC 及 NOX、微粒、臭气等污染物形成酸雨酸雾及光化学烟雾。电动汽车无内燃机产生的噪声，电动机的噪声也较内燃机小。

2. 结构简单，维修方便

电动汽车较内燃机汽车结构简单，运转、传动部件少，维修保养工作量小。当采用交流感应电动机时，电机无需保养维护，更重要的是电动汽车易操纵。

3. 能量转换效率高

纯电动汽车除了驱动车辆行驶外，还可回收制动、下坡时的能量，提高能量的利用效率。电动汽车的研究表明，其能源效率已超过汽油机汽车。特别是在城市运行，汽车走走停停，行驶速度不高，电动汽车更加适宜。电动汽车停止时不消耗电量，在制动过程中，电动机可自动转化为发电机，实现制动减速时能量的再利用。

另外，电动汽车的应用可有效地减少对石油资源的依赖，可将有限的石油用于更重要的方面。向蓄电池充电的电力可以由煤炭、天然气、水力、核能、太阳能、风力、潮汐等能源转化。除此之外，如果夜间向蓄电池充电，还可以避开用电高峰，有利于电网均衡负荷，减少费用

### 4.1.3 纯电动汽车组成结构

传统燃油汽车是由发动机、底盘、车身和电气四大部分组成，纯电动汽车的结构与燃油汽车相比，主要增加了电力驱动控制系统，而取消了发动机。因此，纯电动汽车的结构主要由电力驱动控制系统、汽车底盘、车身以及各种辅助装置等部分组成。除了电力驱动控制系统，其他部分的功能及其结构组成基本与传统汽车相同，不过有些部件根据所选的驱动方式不同，已被简化或省去了，所以电力驱动控制系统既决定了整个纯电动汽车的结构组成及其性能特征，也是纯电动汽车的核心，它相当于传统汽车中的发动机与其他功能以机电一体化方式相结合，这也是区别于传统内燃机汽车的最大不同点。

纯电动汽车典型组成框图如图 4-4 所示，电力驱动控制系统包括电力驱动系统、电源系统和辅助系统 3 部分组成。

图 4-4 中双线表示机械连接；粗线表示电气连接；细线表示控制信号连接；线上的箭头表示电功率或控制信号的传输方向。来自加速踏板的信号输入电子控制器并通过控制功率变换器来调节电动机输出的转矩或转速，电动机输出的转矩通过汽车传动系统驱动车轮转动。充电器通过汽车的充电接口向蓄电池充电。在汽车行驶时，蓄电池经功率变换器向电动机供电。当电动汽车采用电制动时，驱动电动机运行在发电状态，将汽车的部分动能回馈给蓄电池以对其充电，并延长电动汽车的续驶里程。

1. 电力驱动系统

电力驱动系统（以后简称驱动系统）主要包括电子控制器、功率转换器、电动机、机械传动装置和车轮等。驱动系统的功用是将存储在蓄电池中的电能高效地转化为车轮的动

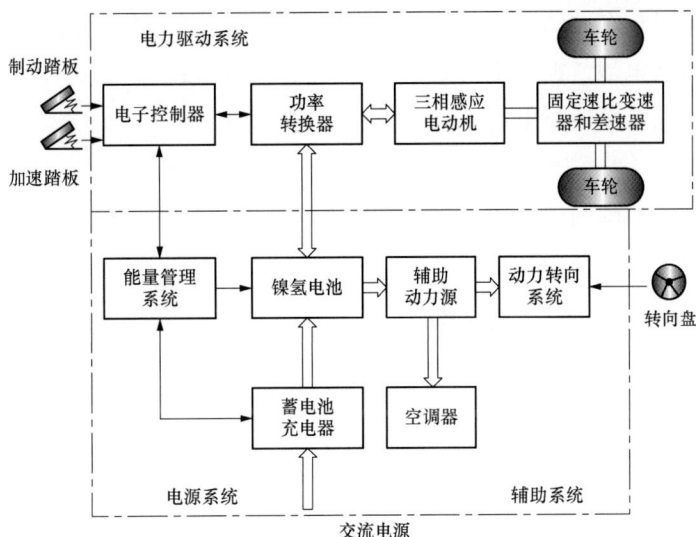

图 4-4 纯电动汽车典型组成框图

能进而推进汽车行驶，并能够在汽车减速制动或者下坡时，实现再生制动。

电子控制器的作用是接收加速踏板位置信号、制动踏板位置信号、挡位信号及其他相关信号，综合判断驾驶员意图和整车工况，发出控制指令给功率变换器，通过功率变换器控制电动机的电压或电流，完成电动机的驱动转矩和旋转方向的控制。

功率变换器是将蓄电池的直流电转换为频率和电压均可调的交流电进而驱动电机工作。当汽车减速制动或者下坡时，功率变换器将车轮驱动电动机产生的电能存储在蓄电池中。

电动机的作用是将电源的电能转化为机械能，通过传动装置驱动或直接驱动车轮。早期，电动汽车上广泛采用直流串激电动机，这种电动机具有"软"的机械特性，与汽车的行驶特性非常适应。但直流电动机由于存在换向火花，比功率较小、效率较低，维护保养工作量大等缺点，随着电动机技术和电动机控制技术的发展，正在逐渐被直流无刷电动机（BCDM）、永磁同步电动机、开关磁阻电动机（SRM）和交流异步电动机所取代。

机械传动装置的作用是将电动机的驱动转矩传给汽车的驱动轴。因为电动机可以带负载启动，所以纯电动汽车上无须传统内燃机汽车的离合器。并且驱动电动机的转向可以通过电路控制实现变换，因此，纯电动汽车无须内燃机汽车变速器中的倒挡。当采用电动机无级调速控制时，电动汽车可以省去传统汽车的变速器。在采用轮毂电机驱动时，电动汽车也可以省去传统内燃机汽车传动系统的差速器。

2. 电源系统

电源系统主要包括电源、能量管理系统和充电机等。它的功用是向电动机提供驱动电能，监测电源使用情况以及控制充电机向蓄电池充电。

电源是制约电动汽车发展的主要因素。作为电动汽车的电源应该具有高比能量和高比功率等性能，以满足汽车的动力性和续驶里程的要求。纯电动汽车常用的电源有铅酸蓄电池、镍镉电池、镍氢电池、锂离子动力电池等。能量管理系统主要负责监测电源的使用情况以及控制充电机向蓄电池充电。

3. 辅助系统

辅助系统主要包括辅助动力源（低压蓄电池、DC-DC转换器）、电动空调系统、电动助力转向系统、电动真空制动系统等。

### 4.1.4　EV160纯电动车组成结构

EV160纯电动汽车控制系统结构如图4-5所示，包括电源系统［动力电池箱、电池管理系统（BMS）、车载充电机］、驱动及传动系统（电机控制器、驱动电机、减速驱动桥等）、整车控制系统（整车控制器、加速踏板位置传感器、制动踏板位置传感器、挡位信号、启动钥匙信号等）、高压配电系统（高压配电盒）、辅助系统［DC-DC直流转换器、低压蓄电池、电动助力转向系统（EPS）、电动真空制动系统、电动空调系统、仪表显示系统等］。

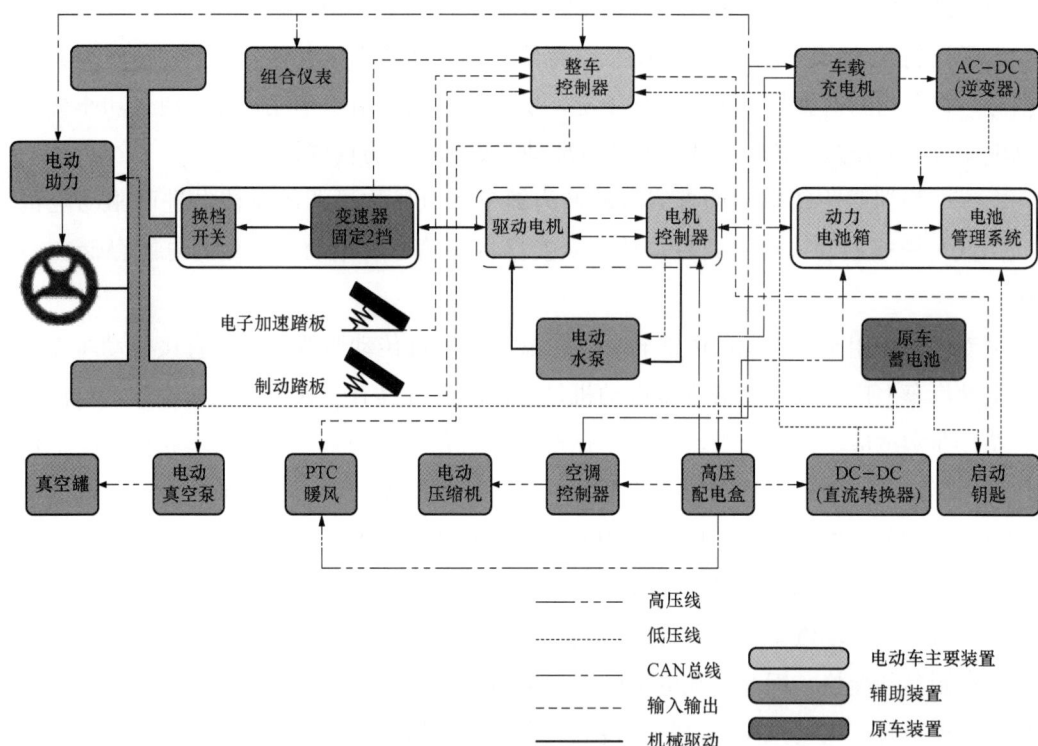

图4-5　EV160纯电动汽车控制系统结构

### 4.1.5　EV160纯电动汽车主要部件介绍

纯电动汽车北汽EV160主要部件位置如图4-6所示，该车的电力驱动控制系统，都集中在前机舱内。

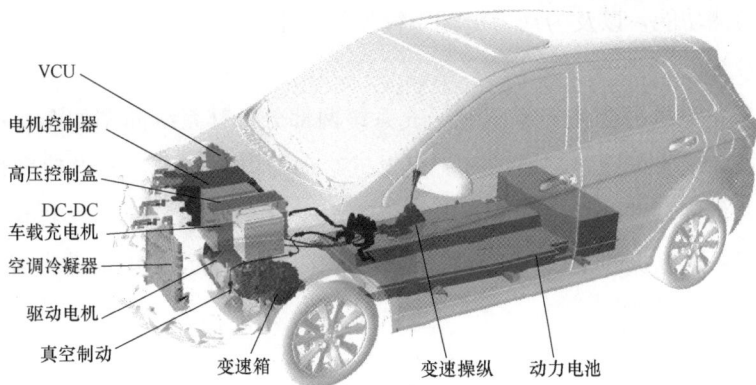

图 4 - 6　EV160 主要部件位置

1. 电源系统

电源系统包括动力电池、电池管理系统（BMS）、充电系统等。

（1）动力电池。

北汽 EV160 动力电池箱如图 4 - 7 所示，动力电池分布于汽车底盘中。动力电池提供的

电能，通过驱动电机转化为机械能，经由传动机构传递到驱动轮，驱动汽车行驶。动力电池箱内包括了动力电池模组、电池管理系统（BMS）及相应的辅助元器件组成。辅助元器件主要包括系统内部的电子元器件，如熔断器、继电器、线束及接插件、温度传感器等，以及维修开关、密封条和绝缘材料等。

（2）电池管理系统。

北汽 EV160 电池管理系统（BMS）如图

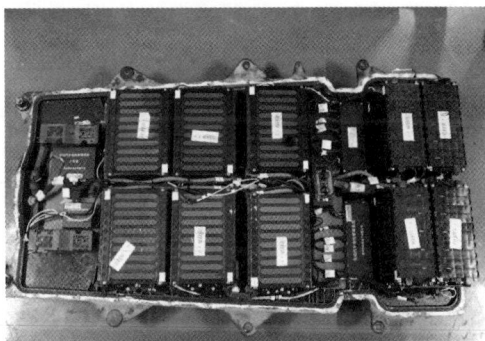

图 4 - 7　EV160 动力电池箱

4 - 8 所示。BMS 是电池保护和管理的核心部件，在动力电池系统中，它的作用就相当于人的大脑。它不仅要保证电池安全可靠地使用，而且要充分发挥电池的能力和延长使用寿命，作为电池和整车控制器（VCU）以及驾驶者沟通的桥梁，通过控制接触器控制动力电池组的充放电，并向 VCU 上报动力电池系统的基本参数及故障信息。

BMS 具备的功能：通过电压、电流及温度检测等功能实现对动力电池系统的过压、欠压、过流、过高温和过低温保护，对继电器控制、SOC 估算、充放电管理、均衡控制、故障报警及处理、与其他控制器通信功能等功能，此外电池管理系统还具有

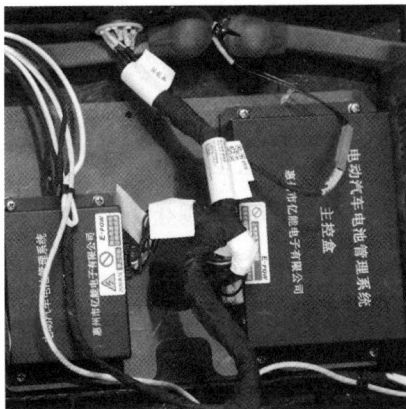

图 4 - 8　EV160 电池管理系统

高压回路绝缘检测功能，以及为动力电池系统加热功能。

（3）充电系统。

EV160 的充电系统分为快充系统和慢充系统两部分，其系统简图如图 4-9 和图 4-10 所示。快充接口在车头车标处，通过直流充电桩给动力电池充电，充电速度快。慢充口在传统车加油口的位置，可以通过交流充电桩或家用交流充电线 2 对动力电池进行充电，充电速度较慢。车载充电机的主要作用是将 220V 交流电转换为动力电池的直流电，实现电池电量的补给。

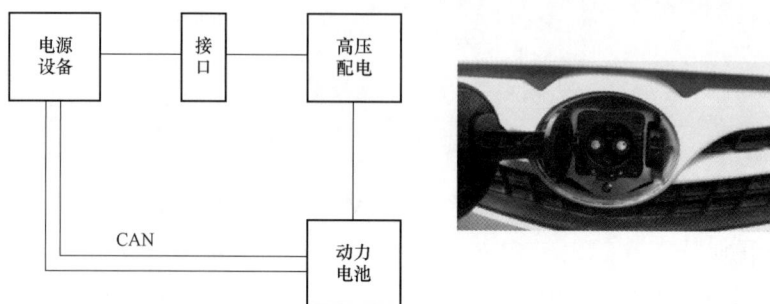

图 4-9　快冲系统及接口

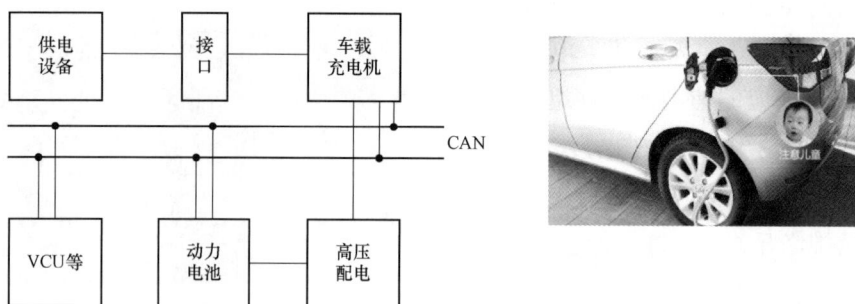

图 4-10　慢充系统及接口

2. 驱动及传统系统

驱动及传动系统主要由电机控制器、驱动电机和减速驱动桥构成。

（1）电机及控制系统。

电机及控制系统结构如图 4-11 所示，驱动电机系统作为纯电动汽车的主要部件之一，是车辆主要执行机构，其性能决定了车辆主要性能指标，直接影响车辆动力性、经济性。

电机及控制系统通过高低压线束、冷却管路与整车其他系统作电气和散热连接。电机控制器接收整车控制器指令，实时调整驱动电机的输出，以实现整车怠速、加减速、能量回收及倒车等工作状态。电机控制器还能够实时进行电机状态和故障检测，以保护驱动电机系统和整车安全可靠运行。电机及控制器采用水冷方式，由电动水泵实现冷却液的强制

(a)

(b)

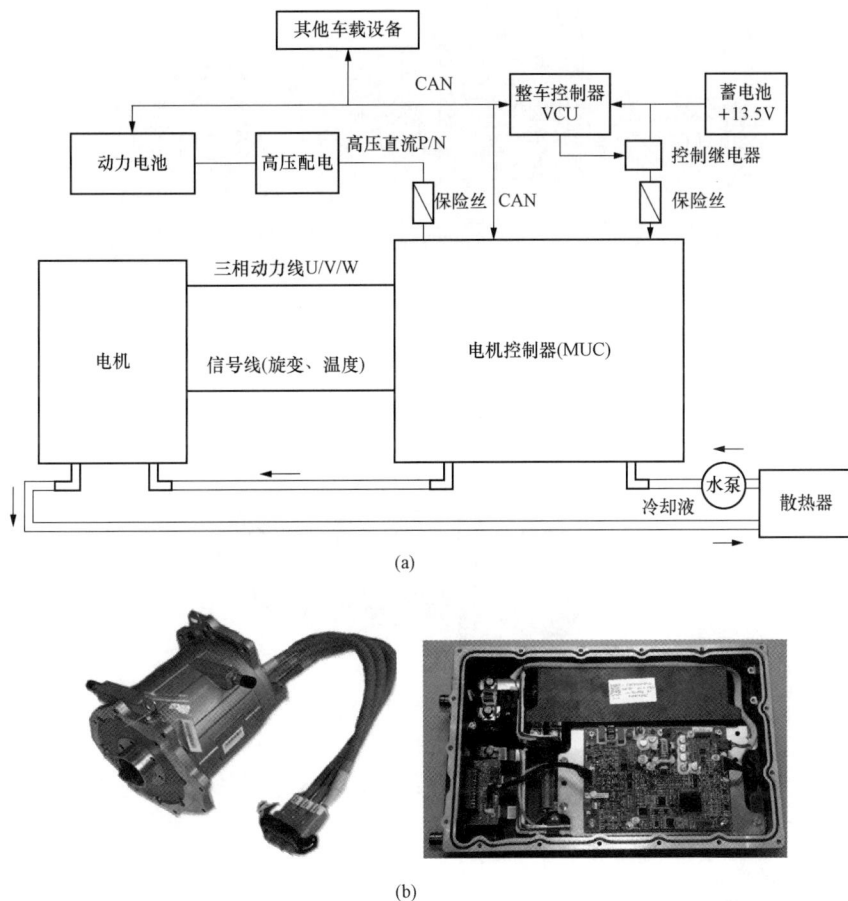

图 4-11 电机及控制系统

(a) 电机及控制系统原理框图；(b) 驱动电机及控制器实物

循环，对电机及控制器进行散热。

（2）传动系统。

北汽 EV160 的传动系统，主要指其搭载的前置前驱减速器，EF126B02 减速器结构及实物图如图 4-12 所示，其主要功能是降低驱动电机转速，提高扭矩，以实现整车的驱动需求。EF126B02 减速器采用左右分箱、两级传动的结构设计，结构紧凑，体积较小；同时采用了前进挡和倒挡共用的结构设计，整车的倒挡通过电机反转实现。

3. 整车控制系统

整车控制系统包括整车控制器、加速踏板位置传感器、制动踏板位置传感器、挡位信号、启动钥匙信号等。

（1）整车控制器。

北汽 EV160 的整车控制器如图 4-13 所示。整车控制系统中，整车控制器配合其他子系统控制器，根据驾驶员意图及车辆工况，来完成车辆运行过程中能量流动的控制，即车

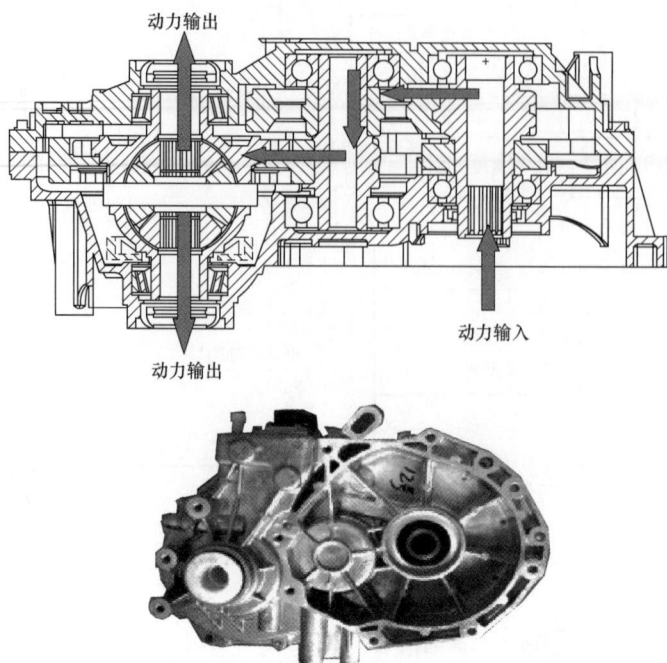

动力输出

动力输入

动力输出

图 4 - 12    EF126B02 减速器结构及实物图

辆加速、减速、能量回收等。此外，整车控制器还需要对整车所有用电器进行控制，保证车辆的正常运行。

（2）电子换挡旋钮。

北汽 EV160 电子换挡旋钮如图 4 - 14 所示。挡位设置 R（倒车挡）、N（空挡）、D（前进挡）、E（用于能量回收）。

主控单元

图 4 - 13    整车控制器

图 4 - 14    电子换挡旋钮

4. 高压配电系统

北汽 EV160 高压系统部件及线束如图 4 - 15 所示。整车高压系统包括动力电池、车载充电机、慢充接口及线束、快充接口及线束、电机控制器、驱动电机、DC - DC 转换器、高压控制盒、高压附件及连接各高压部件的线束。其中，高压控制盒的主要作用是完成动力电池电源的输出及分配，实现对支路用电器的保护及切断。

(a)

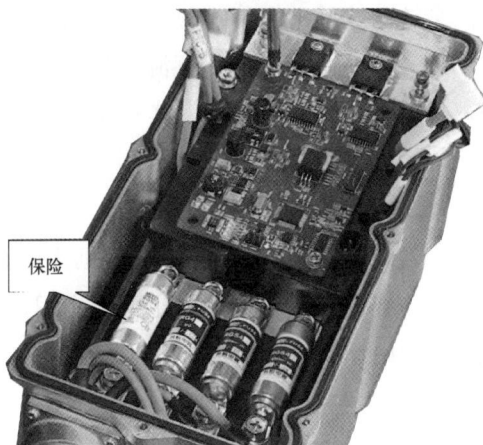

(b)

图 4 - 15　北汽 EV160 高压系统部件及线束

（a）EV 160 高压系统部件及线束；（b）高压控制盒

5.辅助系统

辅助系统包括DC - DC 直流转换器、低压蓄电池、电动助力转向系统（EPS）、电动真空制动系统、电动空调系统、仪表显示系统等。

（1）DC - DC 转换器及低压蓄电池。

DC - DC 转换器如图 4 - 16 所示，主要作用是将动力电池的高压直流电转换为 12V 直流电，为整车低压用电系统供电及铅酸电池充电。

（2）转向系统（EPS）。

电动助力转向系统（EPS）由扭矩传感器、电子控制单元及助力电机组成，电动助力转向系统如图 4 - 17 所示。

图 4-16 DC-DC 转换器

图 4-17 电动助力转向系统

在电动助力转向系统中，电子控制单元根据各传感器采集的信号计算所需的转向助力，控制助力电机的转动，电机输出的动力经过减速增扭后驱动齿轮齿条结构产生相应的转向助力。目前电动助力转向系统，按照助力作用位置的不同，可以分为管柱助力式、齿轮助力式和齿条助力式。电动助力转向系统，12V 直流电驱动助力电机进行转向助力，根据车速来控制驱动电流大小，从而调节助力的大小，实现车速高时助力小，车速低时助力大的要求。

（3）制动系统。

纯电动汽车 ABS 系统和制动真空助力系统，真空助力的真空源来自 12V 直流电驱动的真空泵，如图 4-18 所示。在停车时真空助力也可起作用，带能量回收系统。制动系统的作用主要有三个：使行驶中的汽车按照驾驶员的要求进行强制减速甚至停车；使已停止的汽车在各种道路条件下稳定驻车；使下坡行驶的汽车速度保持稳定。北汽 EV160 的制动系统的助力装置采用的电动真空助力系统，当汽车起动后，电子控制系统模块会自动进行自检，若真空罐中的真空度小于设定值，则真空压力传感器输出相应信号至控制器，控制器控制电动真空泵开始工作，当真空度达到设定值后，由相应的控制信号控制真空泵停止工作。当真空罐的真空度由于制动而有所消耗时，同样由电子控制系统控制真空泵的工作。

图 4-18 制动系统

（4）空调与暖风系统。

北汽 EV160 的空调与暖风系统如图 4-19 所示。纯电动汽车的制冷系统采用的电动压缩机，暖风系统采用 PTC 加热器。

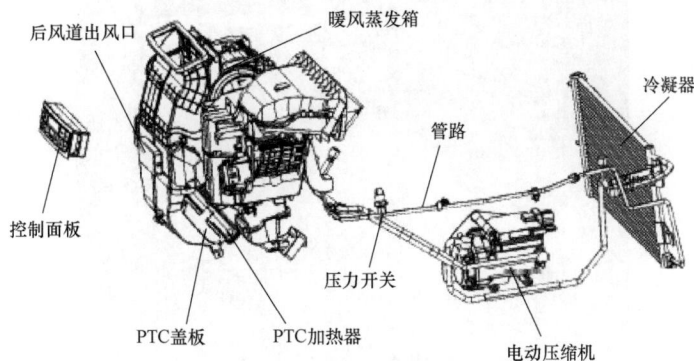

图 4-19 空调与暖风系统

（5）组合仪表。

北汽 EV160 的组合仪表如图 4-20 所示。组合仪表可显示车速、电量等信息。

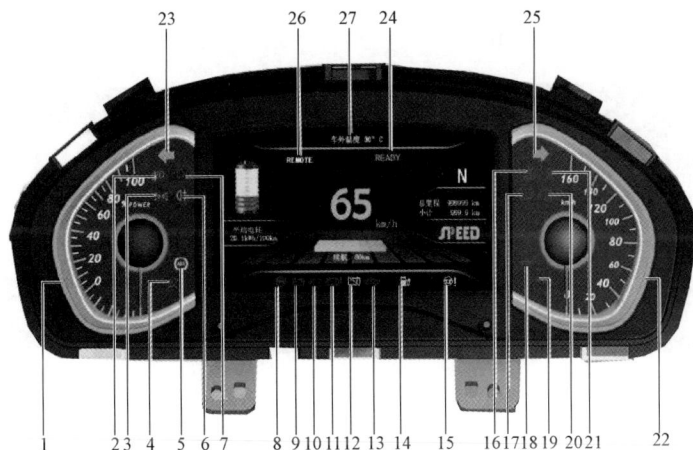

图 4-20 整车控制器

1—驱动电机功率表；2—前雾灯；3—示廓灯；4—安全气囊指示灯；5—ABS 指示灯；6—后雾灯；
7—远光灯；8—跛行指示灯；9—蓄电池故障指示灯；10—电机及控制器过热指示灯；
11—动力电池故障指示灯；12—动力电池断开指示灯；13—系统故障灯；14—充电提醒灯；
15—EPS 故障指示灯；16—安全带未系指示灯；17—制动故障指示灯；18—防盗指示灯；
19—充电线连接指示灯；20—手刹指示灯；21—门开指示灯；22—车速表；
23/25—左/右转向指示灯；24—READY 指示灯；26—REMOTE 指示灯；27—室外温度提示

## 4.1.6 北汽 EV160 纯电动汽车结构认知

下面以北汽 EV160 为例，说明纯电动汽车结构组成。

1. 车辆准备

准备 1 辆北汽 EV160，如图 4-21 所示。北汽 EV160 是一款两厢车，续驶里程 160km，
用电池为汽车提供动力，动力电池安装在车辆底部。

图 4-21 北汽 EV160 实物图

2. 实践操作

（1）找到动力电池。

动力电池安装在车辆底部，如图 4-22 所示。该动力电池磷酸铁锂电池，容量为 80Ah，额定电压 320V，电量 25.6kW·h。

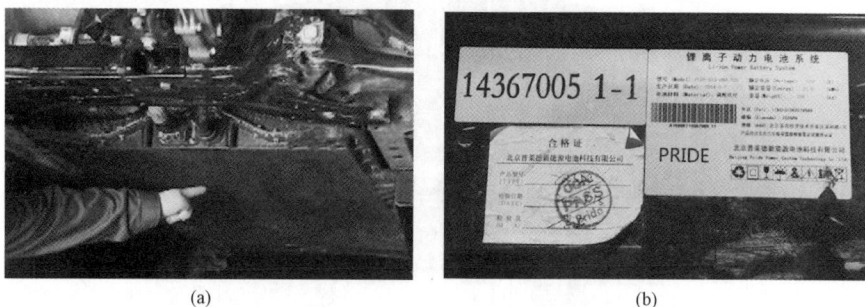

图 4-22 EV160 动力电池安装位置及参数

(a) 安装位置；(b) 参数

（2）到充电口。

EV160 有两种充电方式如图 4-23 所示，一种为慢充，一种为快充。慢充时，充满电需要 7~8h；快充时，从 20％电量充到 80％电量需要 1h。慢充口可以通过交流充电桩或交流充电线 2 给动力电池充电。快充口通过直流充电桩给动力电池充电。

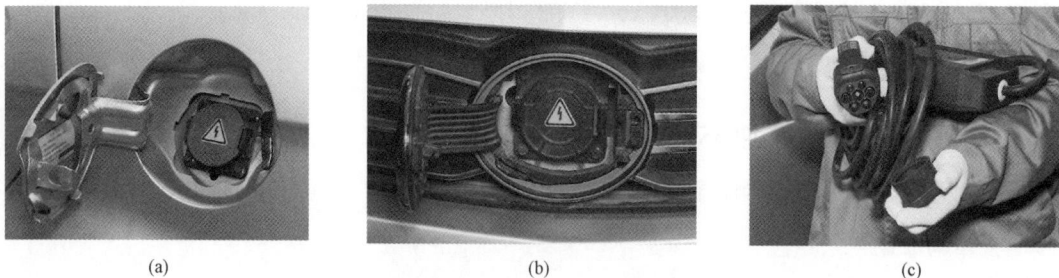

图 4-23 EV160 充电口与家用交流充电线

(a) 慢充口；(b) 快充口；(c) 交流充电线

（3）到高压控制盒与车载充电机。

高压控制盒与车载充电机如图 4 - 24 所示。高压控制盒将动力电分配到各高压用电设备。车载充电机将 220V 交流电转换成 320V 直流电，向动力电池充电。

（4）到电机控制器和整车控制器。

电机控制器和整车控制器如图 4 - 25 所示。电机控制器接收整车控制器的信号，汽车正常行驶时把直流电转为三相交流电驱动电机转动；车辆减速和制动时，可以将电机发出三相交流电转换成直流电。整车控制器主要是判断操纵者意愿，根据车辆行驶的状态、电池和电机系统的状态进行动力分配，使车辆运行在最佳状态。

图 4 - 24　高压控制盒与车载充电机

图 4 - 25　电机控制器和整车控制器

（5）找到 DC/DC 转换器和低压蓄电池。

DC/DC 转换器和低压蓄电池如图 4 - 26 所示。DC/DC 转换器将高压直流电转换为 14V 低压直流电，给蓄电池充电并向其他低压设备供电。

（6）找到驱动电机和减速驱动桥总成。

驱动电机和减速驱动桥总成如图 4 - 27 所示。驱动电机为永磁同步电机，额定功率 20kW，额定转速 2812 r/min。驱动电机产生的动力通过固定速比减速器、主减速器、差速器，传递到半轴及车轮，驱动汽车行驶。

图 4 - 26　DC/DC 转换器和低压蓄电池

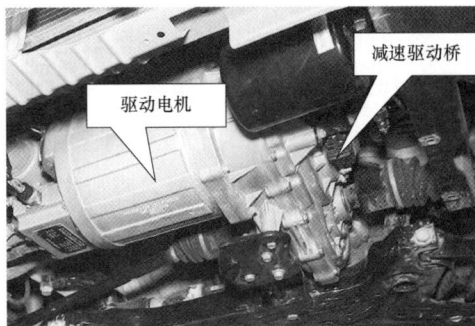

图 4 - 27　驱动电机和减速驱动桥总成

（7）找到电动水泵和电动压缩机。

电动水泵和电动压缩机如图 4 - 28 所示。电动水泵将散热器内的冷却液输送到电机控制器及电机，对其进行冷却。电动空调压缩机将制冷剂进行压缩、循环，产生制冷效果。

图 4-28　电动水泵和电动压缩机

（8）找到电动真空泵和真空罐。

电动真空泵和真空罐如图 4-29 所示。电动真空泵产生真空，储存在真空罐中，辅助驾驶员进行制动。

（9）找到电动助力转向助力电机。

电动助力转向助力电机如图 4-30 所示。电动助力转向的助力电机，辅助驾驶员进行转向。

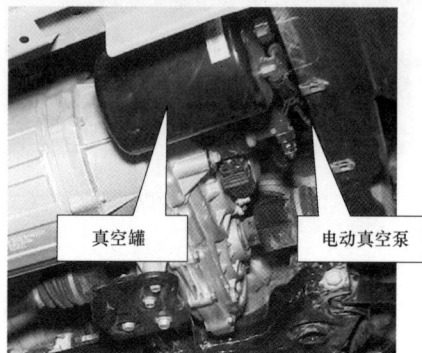

图 4-29　电动真空泵和真空罐

图 4-30　电动助力转向助力电机

# 4.2　纯电动汽车关键技术

## 4.2.1　驱动电机基本概念

纯电动汽车与普通燃油汽车最主要的区别在于电机驱动系统，电机往往具有电驱动和发电两种功能，满足车辆在驱动行驶和减速制动等多种工作模式的需要。

驱动电机系统是纯电动汽车三大核心系统之一，是车辆行驶的主要执行机构，其特性决定了车辆的主要性能指标，直接影响车辆动力性、经济性和用户驾乘感受。

1. 纯电动汽车对电动机的基本要求

纯电动汽车上驱动电机的运行与一般的工业应用不同，工况非常复杂，对驱动电机有很高的要求。

（1）纯电动汽车用驱动电机应具有瞬时功率大，过载能力强（过载系数应为 3—4），加速性能好，使用寿命长的特点。

（2）纯电动汽车用驱动电机应具有宽广的调速范围，包括恒转矩区和恒功率区。在恒转矩区，要求低速运行时具有大转矩，以满足起步和爬坡的要求；在恒功率区，要求低转矩时具有较高速度，以满足汽车在平坦路面能够高速行驶。

（3）纯电动汽车用驱动电机应能够在汽车减速时实现再生制动，将能量回收并反馈回动力电池，提高纯电动汽车的能量利用率。这是在内燃机汽车上所不能实现的。

（4）纯电动汽车用驱动电机应在整个运行范围内，具有高的效率，以提高单次充电续驶里程。

（5）纯电动汽车用驱动电机还应具有可靠性高，能够在恶劣环境下长期工作，结构简单重量轻，运行噪声低，维修方便，价格便宜等特点。

2. 电机能量转换特点

电机是指依据电磁感应原理实现电能的生产、传输和使用的能量转换机械，电动机与发电机作用如图 4-31 所示。

发电机：将机械能转换为电能。

电动机：将电能转换为机械能。

电机的可逆性：一台电机既可以做电动机运行，也可以做发电机运行。

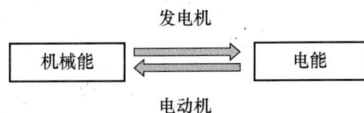

图 4-31 电动机与发电机作用

### 4.2.2 电机的分类和特点

电机按照运行的方式分为静止电机、旋转电机和直线电机。按照通入电流的类型可分为直流电机和交流电机。电动汽车上使用的电机有无刷直流电机、永磁同步电机、异步电机（感应电机）和开关磁阻式电机，电机的分类如图 4-32 所示。

无刷直流电机主要应用：微型低速电动车。

永磁同步电机主要应用：绝大多数电动汽车。

异步电机主要应用：个别电动汽车，如特斯拉。

开关磁阻电机主要应用：部分电动大客车。

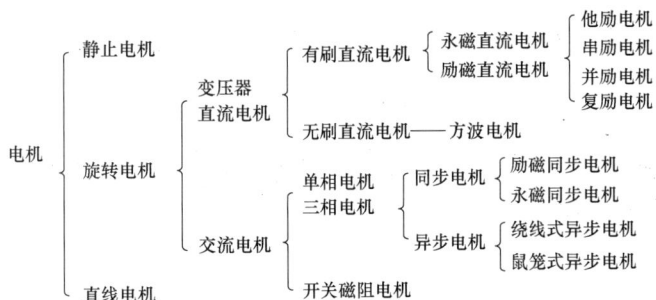

图 4-32 电机的分类

各类电机的特点如下。

1. 永磁同步电机

（1）磁动势由永磁体产生，磁动势、电压和电流的波形均为正弦波形。

（2）转子为使用稀土材料的永磁体，不需要额外励磁，可节省动力电池的电力。

（3）具有结构简单、体积小、重量轻、损耗小、效率高、功率因数高等优点，主要用于要求响应快速、调速范围宽、定位准确的高性能伺服传动系统和直流电机的更新替代电机，但控制较复杂，价格较高。

2. 直流无刷电机

（1）响应快速、起动转矩较大。

（2）外特性好，符合电动车的负载特性，调速范围大，电机效率较高，再生制动效果好，控制简单。

（3）电机体积较大，重量较重，电机结构复杂。

3. 交流异步电机

（1）结构简单，成本低，比较坚固，容易做成高转速、高电压、大电流、大容量的电机。

（2）启动性和调速性较差。

4. 开关磁阻电机

（1）结构最为简单，电机上没有滑环、绕组和永磁体。

（2）仅在定子上有简单的集中绕组，绕组的端部较短，没有相间跨接线，维护修理容易。

（3）转速较高，效率较交流异步电机高。

（4）转子无永磁体，可允许较高温升。

### 4.2.3 驱动电机系统简介

驱动电机系统由驱动电机、电机控制器等组成。电机控制器通过 U、V、W 三相动力线给驱动电机供电，驱动电机通过信号线将电机转子位置信号及定子温度信号传给电机控制器。电机控制器的电力来自动力电池，其通过 CAN 总线获知车辆当前的驾驶意图，根据驱动电机当前的状态，向电机输出驱动电力使其运转。驱动电机及控制器在工作过程中会发热，影响其正常工作，所以加装了冷却系统，由电动水泵驱动，使冷却液在电机控制器与电机中循环冷却，再将热量带到散热器散发到大气中，驱动电机系统如图 4-33 所示。

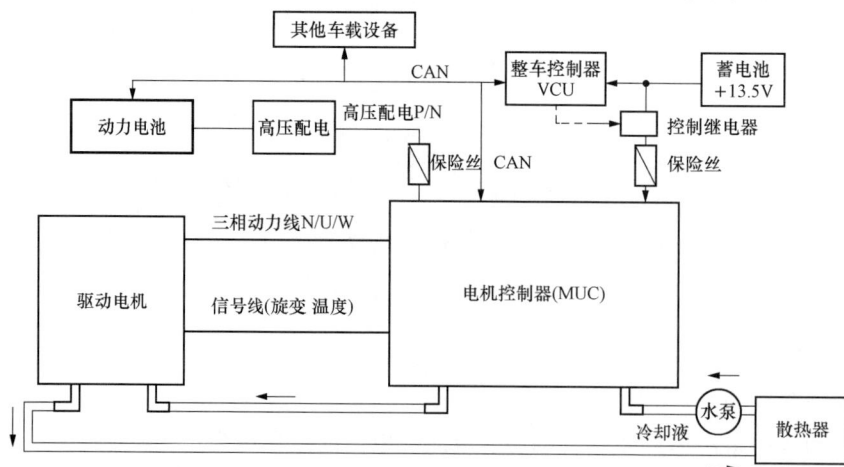

图 4-33 驱动电机系统

### 4.2.4 北汽 EV160 驱动电机

北汽 EV160 驱动电动机采用的永磁同步电机，具有效率高、体积小、重量轻及可靠性高等优点。

驱动电机系统由驱动电动机、驱动电机控制器构成，通过高低压线束、冷却管路。与整车其他系统作电气和散热连接。电机控制器位于前机舱的右侧上部，驱动电机位于前机舱下部，如图 4-34 所示。

图 4-34 驱动电机的安装位置

北汽 EV160 采用的驱动电机型号为 C33DB，具体技术指标参数如表 4-1 所示。

表 4-1 C33DB 驱动电机系统技术指标参数

| 驱动电动机 | | 电机控制器 | |
| --- | --- | --- | --- |
| 类型 | 永磁同步 | 直流输入电压 | 336V |
| 基速 | 2812rpm | 工作电压范围 | 265～410V |
| 转速范围 | 0～9000rpm | 控制电源 | 12V |
| 额定功率 | 30kW | 控制电源电压范围 | 9～16V |
| 峰值功率 | 53kW | 标称容量 | 85kVA |
| 额定转矩 | 102Nm | 重量 | 9kg |
| 峰值扭矩 | 180Nm | 防护等级 | IP67 |
| 重量 | 45kg | | |
| 防护等级 | IP67 | | |
| 尺寸（定子直径×总长） | 245×280 | | |

北汽 EV160 的驱动电动机由大洋电机和大郡电机两个厂家供货，两种电机对应各自的电机控制器，不能混用。大洋电机和大郡电机的零件号和编号如表 4-2 所示。

表 4 - 2　　　　　　　　　　　　　　大洋和大郡电机型号

| 部件名称 | 零件号 | 型号 | 编号 | 铭牌 | 供应厂家 |
|---|---|---|---|---|---|
| 驱动电动机 | E00013180 | TZ30S01 | AD33D ×××× ×××× | 新能源股份 | 大洋 |
| 驱动电动机 | E00013995 | TZ20S02 | AD33D ×××× ×××× | 新能源 | 大洋 |
| 驱动电动机 | E00013182 | TZ30S01 | BD33D ×××× ×××× | 新能源股份 | 大郡 |
| 驱动电动机 | E00013996 | TZ20S02 | BD33D ×××× ×××× | 新能源 | 大郡 |

### 4.2.5　纯电动汽车驱动电机与其他部件的连接关系

纯电动汽车驱动电机对外有低压线束连接、高压线束连接和散热水管的连接。驱动电机通过低压线束将电机当前的转速、转子位置、定子绕组温度等信息传送给电机控制器，再由电机控制器传送给整车控制器。电机控制器接收来自动力电池的高压直流电，通过 U、V、W 三相高压线束控制驱动电机的运转速度、转矩、正反转以及驱动和发电两种工作模式。电动水泵运转输送冷却液至电机控制器的冷却水道，再通过管路流入驱动电机的冷却水道对电机控制器和驱动电机进行冷却散热，冷却液再由驱动电机冷却水道流向冷却液散热器，对冷却液进行散热，如此往复循环。电机及控制系统连接图如图 4 - 35 所示。

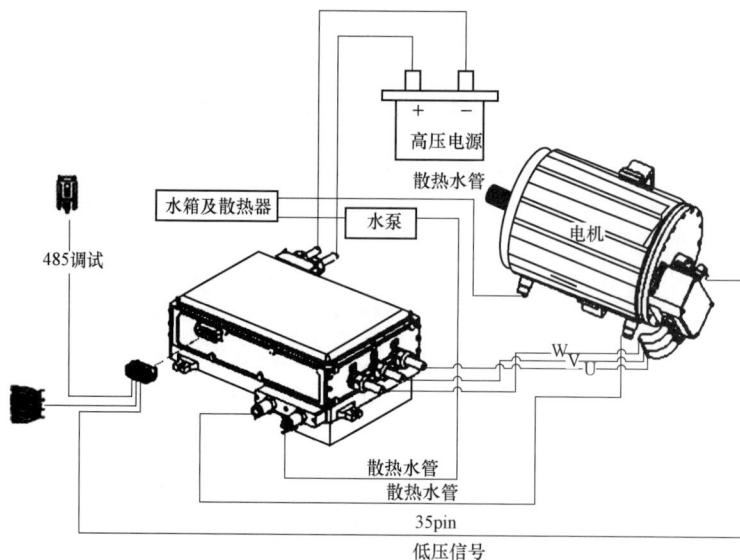

图 4 - 35　电机及控制系统连接图

### 4.2.6　EV160 驱动电机与其他部件的连接关系

驱动电机与减速器通过螺栓连接在一起，再通过左侧、右侧和底部各 3 个固定螺栓共同固定在车身上，两侧的螺栓用来支撑电机及减速器的重量，底部的螺栓用来防止电机转动时产生旋转。

驱动电机通过 U、V、W 三根高压动力线束和一束控制线束与电机控制器连接。减速器通过左右两根半轴将动力输出给左右两个前驱动轮。驱动电机及减速器如图 4 - 36 所示。

图 4-36 驱动电机及减速器总成在车身上的位置

驱动电机工作过程中由于线损等原因会产生热量，温度过高会导致永磁同步电机中的永磁体出现退磁现象，影响电机正常工作。为保证电机工作温度稳定，需对驱动电机进行水冷冷却。由电动水泵推动冷却液循环，将热量从驱动电机、电机控制器中带到散热器进行散热。电动冷却水泵由 12V 低压电驱动。驱动电机上有一进一出共两个冷却水管接头，电机控制器上也有两个水管接头，驱动电机冷却液进出水口如图 4-37 和图 4-38 所示。

图 4-37 驱动电机冷却液进水口

图 4-38 驱动电机冷却液出水口

驱动电机的驱动电力来自电机控制器的 U、V、W 三相高压动力线束，额定工作电压为交流 340V。电机控制器的高压电力来自车辆底部的动力电池，如图 4-39 所示。

图 4-39 驱动电机高压线束连接关系

### 4.2.7 电动汽车动力电池的作用

18世纪30年代电动汽车开始兴起，20世纪初，电动汽车的销量一度占到了市场份额的30%～50%。但是由于电动汽车本身续航和充电问题成为掣肘其发展的主要因素，同时燃油价格不断下调，而福特T型车的兴起使燃油车辆大行其道。

随着科技发展和环保要求，电动汽车现又开始焕发青春。掣肘电动汽车动力电池技术得到长足的发展，使得电动汽车大规模使用又成为可能。

电动汽车动力电池（简称动力电池）是电动汽车的动力源，是能量的储存装置，是为电动汽车日常行驶提供能量的唯一来源，是电动混合动力汽车的辅助能量来源，能够将电能输出转换为其他形式的能量，并驱动汽车行驶，如图4-40所示。它是电动汽车的核心部件之一，其性能好坏直接关系到电动汽车的动力性能、续航能力、也与电动汽车和电动混合动力汽车的安全性直接相关。

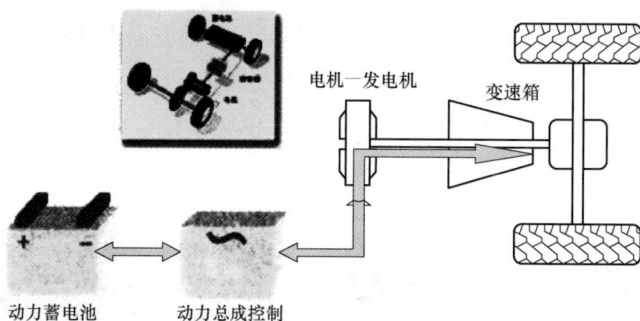

图4-40　电动汽车动力电池的功用

### 4.2.8 动力电池的分类

电动汽车动力电池从系统的角度可以分为化学电池、物理电池和生物电池三大类，如图4-41所示。

化学电池即利用化学变化产生电能的装置。可以分为一次电池、二次电池和燃料电池三大类，其中，一次电池和二次电池可以统称为蓄电池。蓄电池适用于纯电动汽车，可以归类为铅酸蓄电池、镍基电池（镍—氢及镍—金属氢化物电池、镍—福及镍—锌电池）、钠基电池（钠—硫电池和钠—氯化镍电池）、锂电池等类型。燃料电池专用于燃料电池电动汽车。

物理电池是利用光、热、物理吸附等物理能量发电的电池，如太阳能电池、超级电容器、飞轮电池等。这类电池技术不够成熟，应用较少。

生物电池是利用生物化学反应发电的电池，如微生物电池、酶电池、生物太阳电池等。

锂离子电池性能比较高，电池能量密度大，平均输出电压高。自放电小，没有记忆效应，工作温度范围为$-20\sim60℃$，循环性能优越、可快速充放电、充电效率高达100%，而且输出功率大，使用寿命长，没有环境污染，被称为绿色电池。

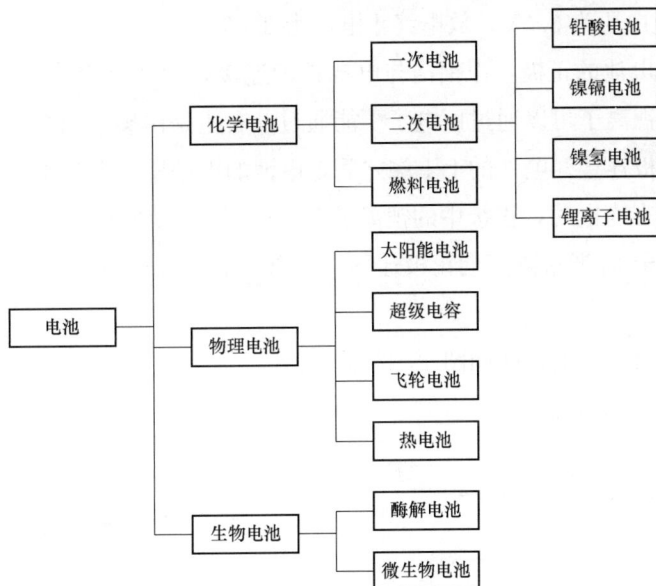

图 4-41 动力电池的分类

1. 钴酸锂电池

钴酸锂电池结构稳定、容量比高、综合性能突出、电化学性能优越、加工性能优异、振实密度大、能量密度高，有助于提高电池体积比容量、产品性能稳定，一致性好，标称电压 3.7V。钴酸锂电池如图 4-42 所示。

钴酸锂电池正极为钴酸锂聚合物，负极材料为石墨，钴酸锂电池的充放电特性如图 4-43 所示。

图 4-42 钴酸锂电池

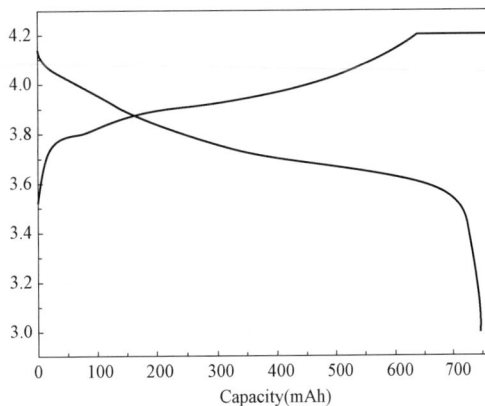

图 4-43 钴酸锂电池的充放电特性

钴酸锂电池充电时终止电压为 4.2V，钴酸锂电池放电时，当电压在 3.6V 以后会迅速下降，最小放电终止电压为 2.75V 左右。

2. 磷酸铁锂电池

磷酸铁锂电池是指用磷酸铁锂（$LiFePO_4$）作为正极材料的锂离子电池。标称电压为

47

3.2V，充电时终止电压为 3.6V，放电终止电压为 2.0V。

LiFePO4 作为电池的正极，由铝箔与电池正极连接，中间是聚合物的隔膜，它把正极与负极隔开，但是锂离子可以通过而电子不能通过，右边是由碳（石墨）组成的电池负极，由铜箔与电池的负极连接。电池的上下端之间是电池的电解质，电池由金属外壳密闭封装。

LiFePO4 电池在充电时，正极中的锂离子 Li 通过聚合物隔膜向负极迁移；在放电过程中，负极中的锂离子 Li 通过隔膜向正极迁移。锂离子电池就是因锂离子在充放电时来回迁移而命名的。

磷酸铁锂电池的充放电特性如图 4-44 所示。

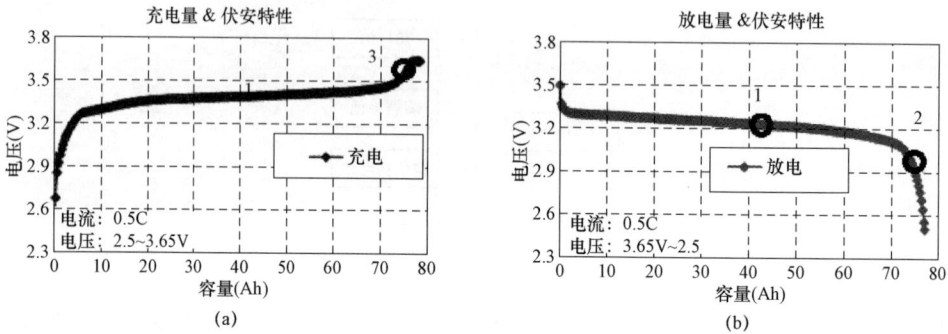

图 4-44 磷酸铁锂电池充放电特性

(a) 充电特性；(b) 放电特性

图 4-44 中左图为磷酸铁锂电池的充电特性，可以看出：如果 2.6V 时开始充电，初期电压上升速度较快，迅速上升到 3.3V 左右，随后慢慢增加，直到其充电终止电压 3.6V 左右。

图 4-44 中右图为磷酸铁锂电池的放电特性，可以看出：如果 3.5V 时开始放电，初期电压下降速度很快，迅速下降到 3.3V 左右，随后慢慢下降，直到 2.6V 左右。

相比较其他形式的锂电池，磷酸铁锂电池有以下优点：安全性能好，相比普通锂电池安全性有大幅改善；寿命长，循环寿命达到 2000 次以上；高温性能好，热峰值可达 350～500℃；工作温度范围宽广，为−20～75℃；容量较大，相比普通电池（铅酸等）有更大的容量；无记忆效应，电池可随充随用；重量轻，同等规格容量的磷酸铁锂电池的体积是铅酸电池体积的 2/3，重量是铅酸电池的 1/3；环保。

### 3. 三元锂电池

三元锂电池具有容量高、成本低、安全性好等优异特性，其在小型锂电中逐步占据一定的市场份额，并在动力锂电领域具有良好的发展前景。

三元聚合物锂电池是指正极材料使用镍钴锰酸锂 [Li（NiCoMn)$O_2$] 三元正极材料的锂电池，是最近几年发展起来的新型锂电正极材料，三元复合正极材料产品，是以镍盐、钴盐、锰盐为原料，综合了钴酸锂、镍酸锂和锰酸锂三类材料的优点，存在三元协同效应，里面镍钴锰的比例可以根据实际需要调整，三元材料做正极的电池相对于钴酸锂电池安全性高。

三元锂电池的充放电曲线如图 4-45 所示。

由图 4-45 可以看出，三元锂电池的充电截止电压在 4.2V 左右，放电截止电压在 2.5V 左右。三元锂电池单体电池标称电压为 3.7V。

4. 钛酸锂电池

钛酸锂电池具有体积小、重量轻、能量密度高、密封性能好、自放电率低、充放电迅速、循环寿命超长、工作环境温度范围宽、安全稳定等特点。

钛酸锂电池由正、负极板（正极活性物质为三元锂，负极为钛酸锂）、隔膜、电解质、极耳、不锈钢（铝合金）外壳等组成。

图 4-45　三元锂电池充放电曲线

电池充电时，锂离子从三元锂材料中迁移到晶体表面，从正极板材料中脱出，在电场力的作用下，进入电解液，穿过隔膜，再经电解液迁移到负极钛酸锂晶体的表面，然后嵌入负极钛酸锂尖晶石结构材料中。与此同时，电子流通过正极的铝箔，经极耳、电池极柱、负载、负极极柱、负极耳流向负极的铝箔电极，再经导电体流到钛酸锂负极，使电荷达至平衡。

电池放电时，锂离子从钛酸锂尖晶石结构材料中脱嵌，进入电解液，穿过隔膜，再经电解质迁移到三元锂晶体的表面，然后重新嵌入到三元锂材料中。与此同时，电子经导电体流向负极的铝箔电极，经极耳、电池负极柱、负载、正极极柱、正极极耳流向电池正极的铝箔电极，然后再经导电体流到三元锂正极，使电荷达至平衡。

钛酸锂作为负极材料时电位平台高达 1.55V，比传统石墨负极材料高出 1V 还多，虽然损失了一些能量密度，但也意味着电池更加安全。电池快速充电时对负极电压需求比较低，但如果过低，锂电池就容易析出非常活泼的金属锂，这种锂离子不仅导电，还能跟电解液起反应，然后释放热量，产生可燃气体，引发火灾。而钛酸锂因为高出来的 1V 电压避免了负极电压为 0 的情况，也就间接避免了锂离子的析出，从而保证了电池的安全性。

## 4.2.9　动力电池的结构

一般动力电池安装于整车下部或后部。例如北汽 2015 款 EV160 电动汽车动力电池，该电池通过十个螺栓和车身连接，安装在整车下部，将其从整车上拆卸下后外观如图 4-46 所示。EV160 动力电池外部包括两个接口，如图 4-47 所示。

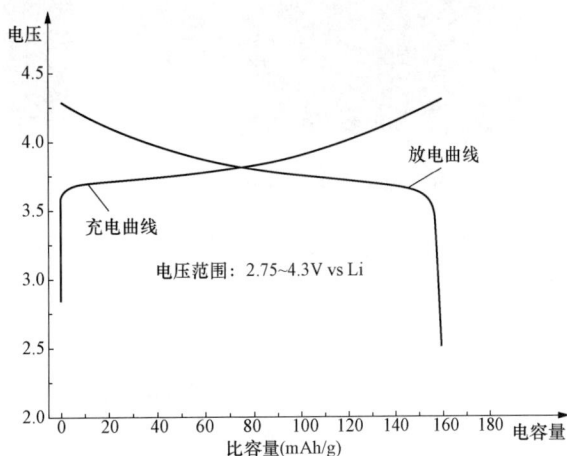

图 4-46  电动汽车动力电池外观

图 4-47  电动汽车动力电池接口

图 4-47 中左侧为动力母线接口，其作用是：在动力电池放电时向外输出电能以使汽车及其附件工作；在动力电池充电时向动力电池内部输入电能实现对动力电池的充电。

图 4-47 中右侧为动力电池通信接口，其作用是：将动力电池的信息与整车控制器 VCU 等进行通信，以实现对动力电池的管理并能实时地掌握动力电池的状态。

在动力电池可壳体上还贴有两类标签，一类标签上表示出电池的一些信息，如图 4-48 所示，该电池为：磷酸铁锂电池，额定电压为 320V，额定能量为 25.6kWh，重量为 295kg，型号为 PLFP-019-080-320；另一类标签为高压警示标签，表示电池内部为高压，操作时请注意高压安全。电池高压安全警示标签如图 4-49 所示。

图 4-48  电池信息标签

图 4-49  电池高压安全警示标签

EV160 动力电池主要由两大部分组成，即电池管理系统和电池本体部分。其中电池管理系统相当于动力电池的神经中枢，主要对电池状态进行检测、对电池电量等进行管理。电池本体部分主要由动力电池模组、动力电池箱体及其他辅助器件等部分组成。EV160 动力电池的组成如图 4-50 所示。

打开上盖之后的动力电池如图 4-51 所示。

1. 动力电池箱

动力电池箱主要起到保护动力电池的作用，因此要求箱体要坚固、防水。箱体可以分为上箱体和下箱体。上箱体一般不会受到冲击，并且为了减轻重量采用玻璃钢材质。下箱体在整车的下部，防止遇到路面磕碰等情况而伤害动力电池，因此采用铸铁材质。上下箱体之间为了实现密封，有定位装置进行定位，并通过硅酮胶进行密封。

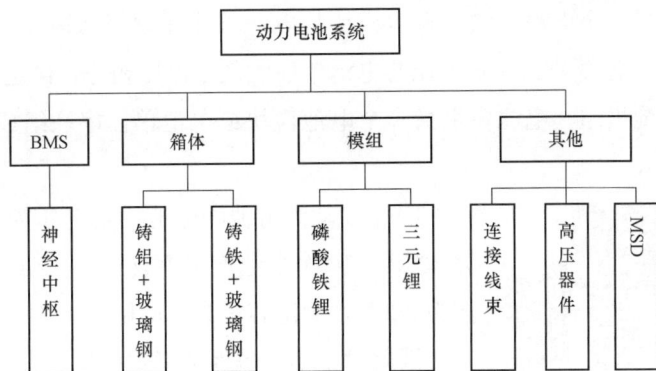

图 4-50 EV160 动力电池的组成

图 4-51 打开上盖之后的 EV200 动力电池

2. 动力电池组

EV160 电动汽车的动力电池组电压采用磷酸铁锂电池，参数如表 4-3 所示。

表 4-3 EV160 动力电池参数

| 型 号 | PLFP-25.6kWh | 型 号 | PLFP-25.6kWh |
|---|---|---|---|
| 额定电压 | 320V | BMS 供应商 | E-power |
| 电芯容量 | 80Ah | 总质量 | 295kg |
| 额定能量 | 25.6kWh | 总体积 | 240L |
| 连接方式 | 1P100S | 工作电压范围 | 250～365V |
| 电池系统供应商 | PPST | 能量密度 | 86W/kg |
| 电芯供应商 | ATL | | |

EV160 动力电池输出电压为 320V 左右，容量为 80Ah，额定容量为 25.6kWh。该电池由 10 个电池模组串联组成，每个模组由 10 个电池模块串联而成。

电池单体，指构成动力电池模块的最小单元，一般由正极、负极、电解质及外壳等构成，可实现电能与化学能之间的直接转换。EV160 采用的磷酸铁锂电池单体电压为 3.2V。

多个电池单体并联成一个电池模块，电池模块是电池单体在物理结构和电路上连接起来的最小分组，EV160电池模块指额定电压与电池单体的额定电压相等，额定容量为80Ah。电池模块串联组成电池模组，电池模组指多个电池模块或电池单体串联组成的一个组合体模组，如图4-52所示。

图4-52 EV160动力电池的
电池模组

EV160动力电池的电池模组电压为320V，额定容量为80Ah。10个电池模组组成了一个动力电池，因此其电压为320V，额定容量为80Ah。

因此对于动力电池的额定电压、容量、总能量、重量比能量为

动力电池系统的额定电压=单体电芯额定电压×单体电芯串联数；

动力电池系统的容量=单体电芯容量×单体电芯并联数量；

动力电池系统总能量=动力电池系统的额定电压×动力电池系统的容量；

动力电池系统重量比能量=动力电池系统总能量÷动力电池系统重量。

3. 电池管理系统

电池管理系统（BMS）是电池保护和管理的核心部件，在动力电池系统中，它的作用就相当于人的大脑。它不仅要保证电池安全可靠地使用，而且要充分发挥电池的能力和延长使用寿命，作为电池和整车控制器以及驾驶者沟通的桥梁，通过控制接触器控制动力电池组的充放电，并向VCU上报动力电池系统的基本参数及故障信息。电池管理系统如图4-53中红圈所示。

图4-53 电池管理系统

电池管理系统的功能有：通过电压、电流及温度检测等功能实现对动力电池系统的过压、欠压、过流、过高温和过低温保护，继电器控制、SOC估算、充放电管理、均衡控制、

故障报警及处理、与其他控制器通信功能等功能；此外电池管理系统还具有高压回路绝缘检测功能，以及为动力电池系统加热功能。

按性质可将电池管理系统分为硬件和软件，按功能分为数据采集单元和控制单元；BMS 的硬件有主板、从板及高压盒，还包括采集电压线、电流、温度等数据的电子器件。EV200 的 BMS 的部分硬件如图 4-54 所示。

软件部分用来监测电池的电压、电流、SOC 值、绝缘电阻值、温度值，通过与 VCU、充电机的通信，来控制动力电池系统的充放电。

4. 辅助元器件

主要包括动力电池系统内部的电子电器元件以及接口，如熔断器，继电器，分流器，接插件，烟雾传感器等，维修开关以及电子电器元件以外的辅助元器件，如密封条，绝缘材料等。维修开关（MSD）如图 4-55 所示。

图 4-54 电动汽车 EV200 的 BMS 的部分硬件

## 4.2.10 慢充充电方式

动力电池作为电动汽车的唯一能量来源，需要外部进行充电。当动力电池剩余电量低于 30% 时，在仪表板上会出现充电提醒标志，如图 4-56 所示，提醒使用者对电动汽车进行充电。

图 4-55 电动汽车 EV200 维修开关

图 4-56 充电提醒标志

当剩余电量低于 10% 时，为保护动力电池，会限速行驶，对于北汽 EV160，限速为 9km/h。电动汽车充电是电动汽车使用过程中必不可少的环节，充电快慢影响着电动车使用者出行的规律。根据电动车动力电池组的技术特性和使用性质，可存在着不同充电模式。现有的充电方式分为慢充和快充两类。

慢充充电也称为交流充电或常规充电方式，指用充电连接线将电动汽车和交流充电装置连接进行充电的方式。根据充电装置的不同，慢充充电又可以分为两类：交流充电桩充电和充电适配器充电。慢充充电模式缺点是充电时间较长,但其对充电设备的要求并不高,充电器和安装成本较低;可充分利用电力低谷时段进行充电,降低充电成本;更为重要的是可对电池深度充电,提升电池充放电效率,延长电池寿命。充电桩交流充电为标准充电模式时(充电桩充电),在环境温度(大于0℃)的情况下,车辆从电量报警状态到充满电,耗时8h。当使用充电适配器充电式时,充电功率为3kW左右,为家用标准空调插座(16A插座)所能提供的最大安全功率。

### 1. 交流充电桩充电

将充电连接线直接连接交流充电桩进行充电,EV160自带了充交流接线,如图4-57所示,可以连接交流公共充电桩。

充电连接线一端是蓝色的充电枪,用来连接车辆慢充口,另一端是黑色充电枪,用来连接充电桩。连接车辆端的充电枪有7个针脚,如图4-58所示。

图 4-57　EV160 自带的充电连接线

图 4-58　连接车辆端的充电枪针脚

使用自带的充电连接线时,一定要将蓝色充电枪插入车身上慢充口,将黑色充电枪插充电桩,然后打开充电桩电源(或打开计费开关)。有些交流充电桩也自带了充电连接线,可以直接连接慢充口进行充电。

### 2. 通过交流适配器充电

这种充电方式使用家庭用220V交流电进行充电,需要将随车配置的交流充电适配器的三相插头插入家庭用电,充电枪插入电动汽车慢充接口即可进行充电,如图4-59所示。

充电电流有16A和32A两种,16A电流充电时间一般在6~8h。32A电流充电时间一般在4~6h。因此用户在使用该类充电方式时一定要注意所用插座允许使用的最大电流,以免发生危险。

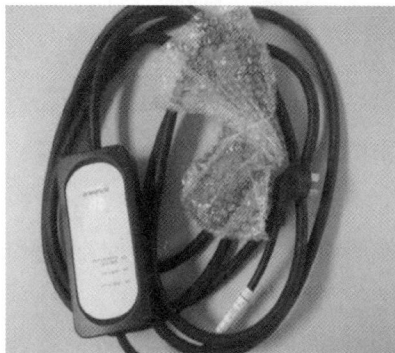

图 4-59　慢充适配器(充电连接线2)

### 3. 慢充口

采用慢充充电方式时,要将充电枪连接到车身左后部位充电口。慢充口位置如图4-60所示。

车身上慢充口带有 7 个针脚的接口，如图 4 - 61 所示。各针脚定义如下。

图 4 - 60　北汽 EV160 慢充口位置

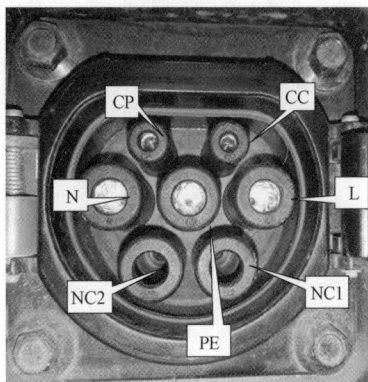

图 4 - 61　慢充口的 7 个针脚

图 4 - 61 中各个针脚的定义如下：

（1）CP 端：控制确认，该针脚信号正常说明充电枪和车上系统控制信号正常；

（2）CC 端：充电连接器确认，该针脚信号正常说明充电枪和车身连接正常；

（3）N 端：家庭用电 220V 零线端，该针脚为零线供电端；

（4）PE 端：接地端，该针脚用于接地；

（5）L 端：家庭用电 220V 火线端，该针脚为火线供电端；

（6）NC2 端：空；

（7）NC1 端：空。

慢充时，交流电通过充电桩或者适配器后，经慢充口进入车载充电系统，经线束将交流电送入车载充电机，车载充电机将交流电转化为直流电后经高压控制盒，通过高压母线给动力电池进行充电。

测量慢充电枪端，16A 充电连接线 CC 端子和 PE 端子电阻值应为 680Ω，32A 充电连接线的电阻值应为 300Ω。

### 4.2.11　快充充电方式

快充充电方式也称为直流充，指用充电连接线将电动汽车和直流充电桩连接进行充电的方式。这类充电方式充电时间短，能够在较短时间给蓄电池补充大量电能。目前，直流充电桩可以提供 100A 的充电电流。一般直流充电桩带有充电连接线，如图 4 - 62 所示，可以连接车辆的快充口进行直流充电。

北汽 EV 系列配的快充充电连接线一端是蓝色的充电枪，用来连接车辆，另一端是黑色充电枪，用来连接充电桩。连接车辆端的充电枪有 9 个针脚，对应车身上快充充电口的 9 个针脚槽。

采用快充充电方式时，要将充电枪连接到车前栅格中部车标下方充电口，如图 4 - 63 所示。

图 4 - 62　EV160 自带的快充充电连接线

图 4 - 63　快充口的位置

车身上快充口带有 9 个针脚的接口，如图 4 - 64 所示。各个针脚的定义如下：

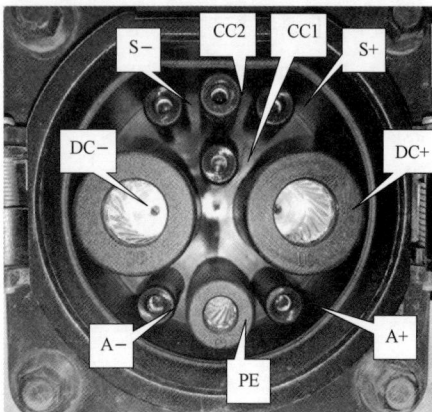

图 4 - 64　快充口的 9 个针脚

DC－：直流电源负；

DC＋：直流电源正；

PE：车身地（搭铁）；

A－：低压辅助电源负极；

A＋：低压辅助电源正极；

CC1：充电连接确认 1；

CC2：充电连接确认 2；

S＋：充电通信 CAN _ H；

S－：充电通信 CAN _ L。

快充时，交流电通过充电桩转换为直流电后，通过充电连接线进入车上快充口，然后直接经过高压控制盒后，经高压母线给动力电池进行充电。直流充电口通过高压线直接连接高压控制盒。

### 4.2.12　充电策略

1. 慢充

锂离子电池慢充时一般采用恒压充电的方式进行充电，超过一定电压值，电池物质会发生分解，影响电池的安全性。所以锂离子电池对充电终止电压的精度要求很高，一般误差不能超过额定值的 1%。

对于锂离子电池，充电过程一般分为三个阶段：预充电阶段、恒流充电阶段和恒压充电阶段。慢充充电曲线图如图 4 - 65 所示。

预充电阶段是电池电压较低时，电池不能承受大电流的充电，这时有必要以小电流对电池进行浮充，主要是完成对过放电的锂电池进行修复；当电池电压达到一定值时，电池

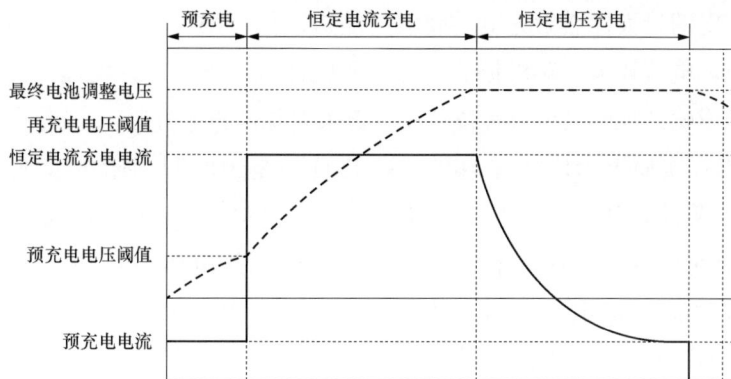

图 4-65 慢充充电曲线图

可以承受大电流充电，这时以恒定的大电流充电，以使锂离子快速均匀地转移。可以用以下两种方法判断是否停止恒流充电：

（1）电池最高电压终止法：电池电压达到最高电压限制时，到了电池承受电压的极限时，应终止恒流充电；

（2）电池最高温度终止法，电池温度达到 60℃时，立即停止充电。

随后，进入恒压充电阶段，充电电流逐渐降低，单节电池的恒压充电电压应在规定值的±1‰变化。恒压充电的截止条件一般用最小充电电流来控制，充电电流很小的时候（一般为 0.05C，或恒流充电电流的 1/10），表明电池充满，应停止充电。

2. 快充

快充充电方法是采用脉冲快速充电。脉冲快速充电是指充电过程中不断用反复放电充电的循环充电。首先进行一级充电，给电池组用 0.8～1 倍额定容量的大电流进行定流充电，使蓄电池在短时间内充至额定容量的 50%～60%。接着由电路控制先停止充电 25～40ms，接着再放电或反充电，使电池组反向通过一个较大的脉冲电流，然后再停止充电。当电池电量到达标称容量的 60%后，进行二级充电，充电电流变为 0.5～0.6 倍额定容量的大电流。随着电池电量逐渐增加，之后的充电都按照正脉冲充电—前停充—负脉冲瞬间放电—后停充—再正脉冲充电的循环，充电电流按照上一级的 60%来继续进行充电，直至充满。脉冲充电如图 4-66 所示。

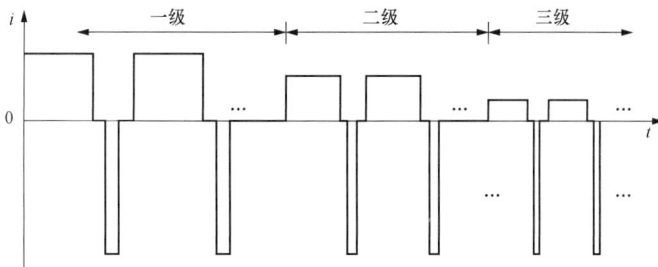

图 4-66 脉冲充电

脉冲快速充电的最大优点为充电时间大为缩短；且可增加适当电池容量，提高启动性能。可是脉冲充电电流较大，对极板的活性物质的冲刷力强，活性物质易脱落，因此对电池组寿命有一定影响。现阶段大多数快速充电都采取脉冲充电方法。

快速充电模式实质上为应急充电模式，其目的是短时间内给电动汽车充电。高功率高电压的工作条件，从而使得快速充电模式仅存在在大型充电站或公路旁作为应急使用。虽然快速充电的充电速度非常高，其充电时间接近内燃机注入燃油的时间。可是充电设备安装要求和成本非常高。并且快速充电的电流电压较高，短时间内对电池的冲击较大，容易令电池的活性物质脱落和电池发热，因此对电池保护散热方面要求有所更高的要求，并不是每款车型都可快速充电。无论电池再完美，长期快速充电终究影响电池的使用寿命。

# 4.3 纯电动汽车维护与检修

## 4.3.1 车载充电机概述

目前绝大多数的车载充电机都采用智能化的工作方式给动力电池充电，这直接关系着动力电池的寿命和充放电过程中的安全性。

车载充电机是指固定安装在电动汽车上的充电机，能将外部输入的交流电转化为直流电输送给高压控制盒从而能够为动力电池充电，依据电池管理系统（BMS）提供的数据，能动态调节充电电流或电压参数，执行相应的动作，为电动汽车动力电池，安全、自动充满电，其工作过程中需要协调交流充电桩和 BMS 等部件。

车载充电机能量转化效率高，体积小，耐受恶劣工作环境能力强。对于北汽 EV160 车载充电机，在车上安装位置如图 4-67 所示。

图 4-67 北汽 EV160 车载充电机安装位置

北汽 EV160 车载充电机输入电压为 220V，输出电压为 240～410V 之间，效率在满载时能够大于 90%，工作过程中有较多热量产生，因此在外壳上安装安热片加强散热。

当车载充电机接上交流电后，并不是立刻将电能输出给电池，而是通过 BMS 电池管理系统首先对电池的状态进行采集分析和判断，进而调整充电机的充电参数。

车载充电机的工作流程如图 4-68 所示。

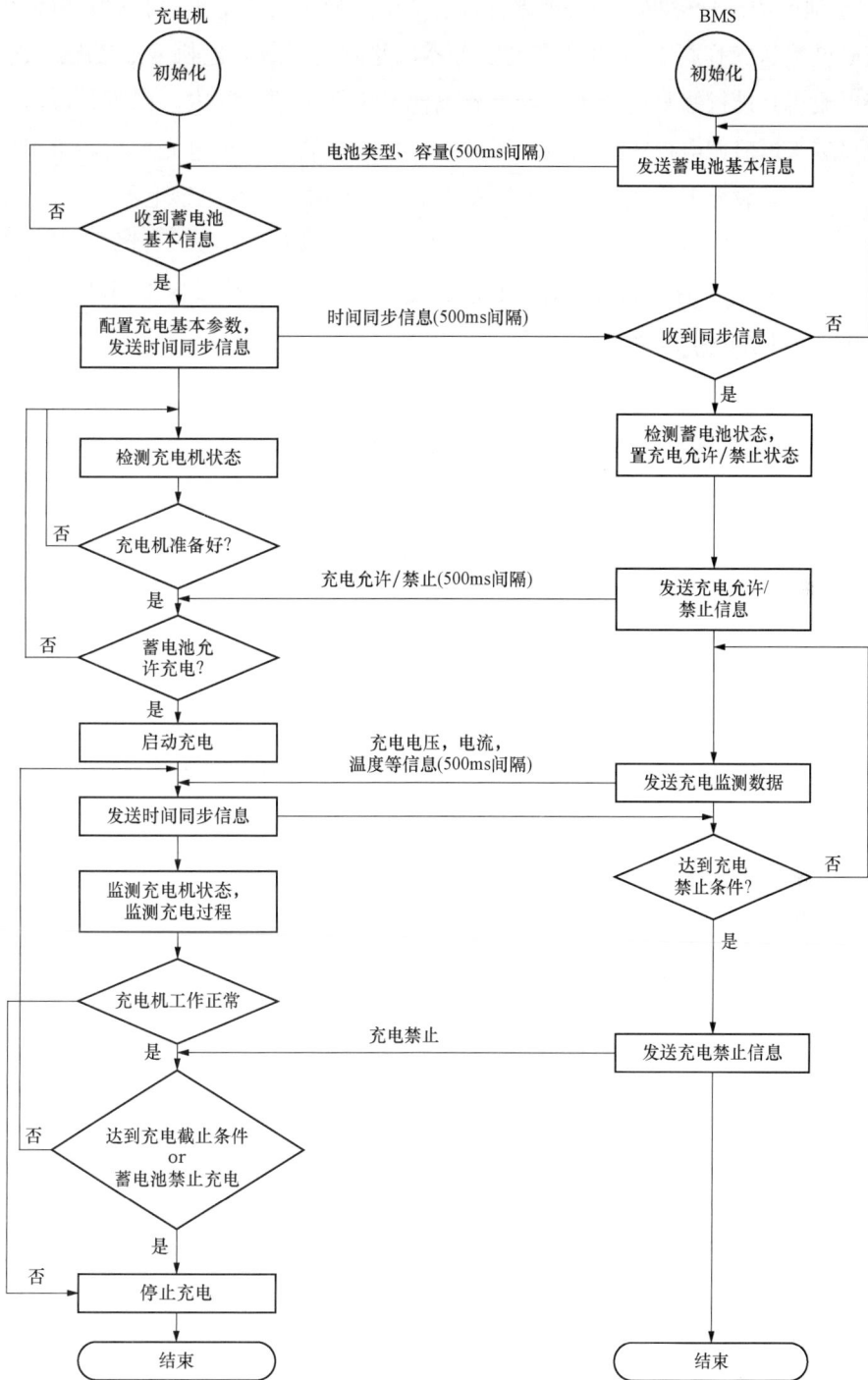

图 4-68 车载充电机工作流程

充电时，首先连接交流充电桩给车载充电机供给交流电，在充电前低压唤醒整车控制系统，整车控制系统给电池管理系统信号去检测电源系统的充电需求，然后进入充电流程，BMS 先对电池电压进行检测，当检测电池深度放电等原因出现电压过低时，电池管理系统给车载充电机发送工作指令并闭合充电继电器，此时，车载充电机开始工作，进行充电。先要用小电流对其进行修复性充电；若检测电池电压在正常范围内，则可跳过涓流充电这一步，直接进入恒流充电模式。当电池管理系统检测电源系统充电完成后，给车载充电机发送停止指令，车载充电机接受该指令后停止工作，此时断开充电继电器。

车载充电机和 BMS 电池管理系统，均采用 CAN 总线通信方式，目前市场应用较多的为 CAN2.0 的协议。车载充电机除具备通信功能之外，还具备故障报警等机制。

### 4.3.2 车载充电机的结构

1. 外部结构

北汽 EV160 车载充电机外部接口如图 4 - 69 所示，可以看出该车载充电机有三个接口、众多散热片、指示灯等。

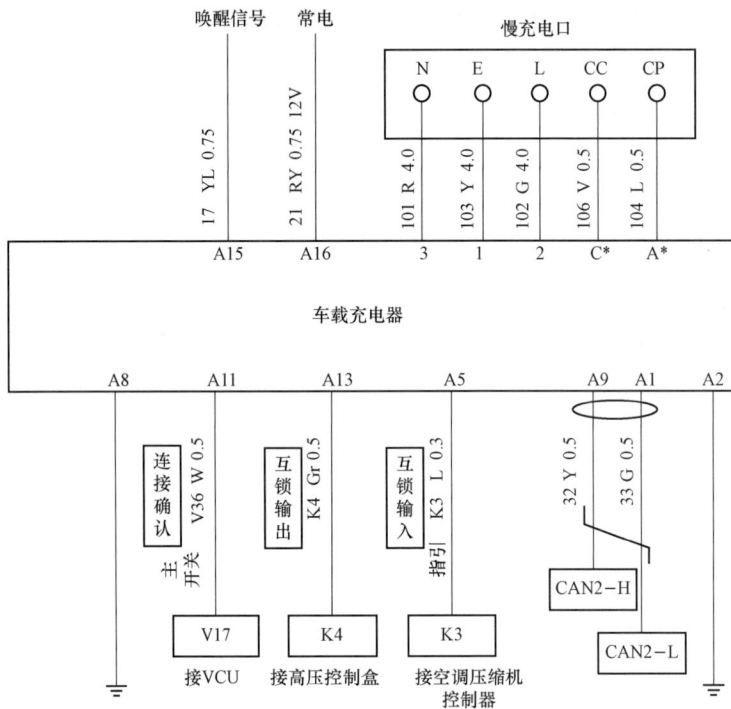

图 4 - 69　北汽 EV160 车载充电机基本构造

其各个接口用途如图 4 - 70 所示。

由图 4 - 71 可以看出，北汽 EV160 车载充电机对外接口主要有三个，低压通信端、直流输出端和交流输入端。

（1）低压通信端。

低压通信端接口的主要作用是通过总线和电池管理系统等进行通信、互锁输入输出、

12V 低压供电、接地等端子组成。如图 4 - 71 所示。

图 4 - 70 北汽 EV160 车载充电机接口　图 4 - 71 北汽 EV160 车载充电机低压通信端

图 4 - 71 中，低压通信端各个端子的作用如表 4 - 4 所示。

表 4 - 4　　　　　　　　　北汽 EV160 车载充电机低压通信端各端子作用

| 编 号 | 名 称 | 编 号 | 名 称 |
|---|---|---|---|
| 1 | 新能源 CAN _ L | 11 | CC 信号输出 |
| 2 | 新能源 CAN _ GND | 13 | 互锁输入（到空调压缩机低压插件） |
| 5 | 互锁输出（到高压低压插件） | 15 | 12V＋OUT |
| 8 | GND | 16 | 12V－IN |
| 9 | 新能源 CAN _ H | | |

（2）交流输入端。

交流输入端接口的主要作用是通过充电电缆连接交流充电桩，使外部的电能输入电动汽车充电系统。如图 4 - 72 所示。

图 4 - 72 中，交流输入端各个端子的作用如表 4 - 5 所示。

表 4 - 5　　　　　　　　　北汽 EV160 车载充电机交流输入端各端子作用

| 编 号 | 名 称 | 编 号 | 名 称 |
|---|---|---|---|
| 1 | L（交流电源） | 4 | 空 |
| 2 | N（交流电源） | 5 | CC（充电连接确认） |
| 3 | PE（打铁） | 6 | CP（控制确认线） |

（3）直流输出端。

直流输出端接口的主要作用是通过高压电缆连接高压控制盒。如图 4 - 73 所示。

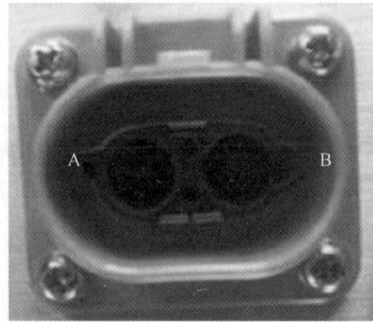

图 4-72 北汽 EV160 车载充电机交流输入端　图 4-73　北汽 EV160 车载充电机直流输出端

图 4-73 中，交流输入端各个端子的作用如表 4-6 所示。

表 4-6　　　　　　　　北汽 EV160 车载充电机直流输出端各端子作用

| 编号 | 名称 | 编号 | 名称 |
| --- | --- | --- | --- |
| A | 电源负极 | B | 电源正极 |

2. 对外接口

(1) 低压通信端。

(2) 交流输入端。

(3) 直流输出端。

### 4.3.3　车载充电机的工作原理

电动汽车充电机的主电路按其工作原理、工作方式的不同，可以有多种电路结构原理，介绍电动汽车高频开关电源充电机的工作原理及系统组成。电动汽车高频开关电源充电机的电路原理及系统组成如图 4-74 所示。

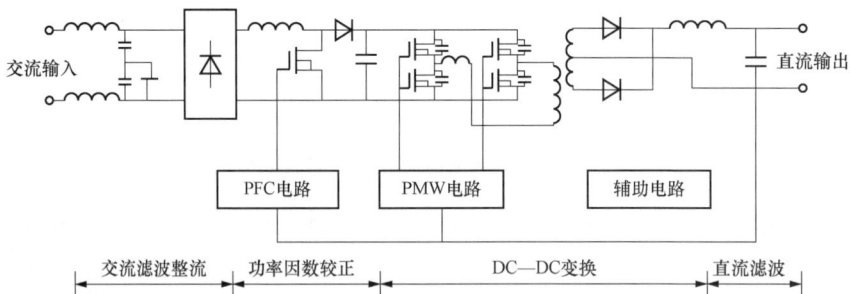

图 4-74　车载充电机工作原理图

1. 整流电路

整流电路由交流整流滤波、直流（DC）—直流（DC）变换（高频变换）器等元器件组成，其作用是从单相或三相交流电网取得交流电，并将其转换为符合要求的直流电。

## 2. 调整电路

调整控制电路采用 PWM 脉宽调制电路，它包括输出采样、信号放大、控制调节、基准比较等单元，其作用是对输出电压进行检测和取样，并与基准定值进行比较，从而控制高频开关功率管的开关时间比例，达到调节输出电压的目的。

## 3. 功率因数校正网络

功率因数校正网络是充电机的重要组成部件，其功能是通过控制过程，使输入电流波形跟踪正弦基波电流，且相位与输入电压同相，以保持输出电压稳定和功率因数接近于 1.0。

## 4. 辅助电路

辅助电路包括手动调整、稳压电源、保护信号、事故报警以及通信接口电路等。

## 5. 充电机控制管理单元（CPU）

控制管理单元（CPU）为充电机的顶层控制系统。电动汽车充电机在充电操作时，控制管理单元接受人工输入或其他设备的控制指令，控制驱动脉动生成系统的启动与停止，从而控制充电机的启动与停机，并可将充电机的运行数据进行显示或传输给上层监控计算机。

比亚迪 E5 充电系统如图 4-75 所示。

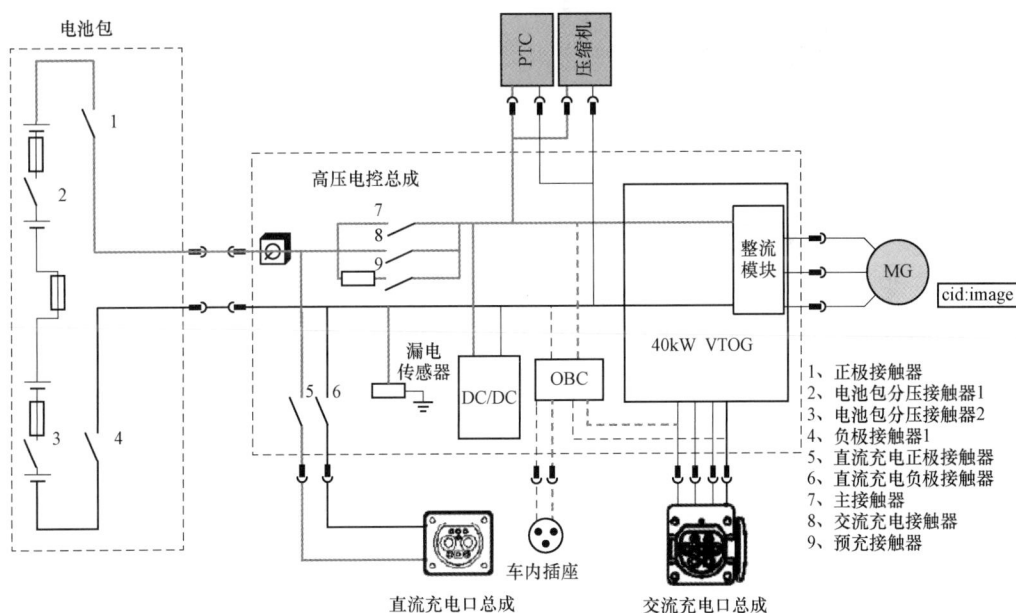

图 4-75　比亚迪 E5 充电系统示意图

比亚迪 E5 电动车有两种充电方式：直流充电和交流充电。

交流充电主要是通过交流充电桩、壁挂式充电盒以及家用供电插座接入交流充电口，通过高压电控总成将交流电转为 650V 的直流高压电给动力电池充电。

直流充电主要是通过充电站的充电柜将直流高压电直接通过直流充电口给动力电池充电。

充电系统主要组成部分包括：交流充电口、直流充电口、高压电控总成、动力电池包、电池管理器。

### 4.3.4　车载充电机的正确使用

（1）将充电机的输入线与供电系统相连接。

（2）再将输出端与蓄电池的充电母线相连接，注意正负极。

（3）请确认供电系统供电是否满足本产品输入电的参数，然后闭合交流供电电源。

（4）当充电机收到 BMS 开机指令时开始工作，面板指示灯的工作灯和电源灯会亮。这时充电机的输出电压和电流为 BMS 设置的电压、电流值。

（5）充电机工作的参数是通过 CAN 通信线 BMS 设定的。电源的参数监控是通过 CAN 总线与系统内部的控制器相连接，能将电源工作时的参数上报给系统，作为系统监视充电机运行的依据。

### 4.3.5　车载充电机故障检查

首先连接交流充电桩，进行正常充电，查看指示灯是否正常；各个指示灯的位置如图 4-76 所示，各个灯的含义如表 4-7 所示。

图 4-76　北汽 EV160 车载充电机指示灯

表 4-7　　　　　　　　　　　　　　车载充电机指示灯含义

| 名　称 | 作　用 |
|---|---|
| Power 灯 | 电源指示灯，当接通交流电后，电源指示灯亮 |
| RUN 灯 | 当充电机接通电池进入充电状态后，充电指示灯亮起 |
| FAULT 灯 | 报警指示灯，当充电机内部有故障时亮起 |

当充电正常时，Power 灯和 Charge 灯亮起；当启动半分钟后仍只有 Power 灯亮时，有可能为电池没有正常充电或已经充满电；当 Error 灯点亮时，则说明充电系统出现异常；当充电灯都不亮时，检查充电桩以及充电线束及接插件。具体故障和解决方法如表 4-8 所示。

表 4-8　　　　　　　　　　　　　　具体故障和处理方法

| 故障描述 | 解决方法 |
|---|---|
| 不充电，电池灯不亮 | 检查高压充电线是否与充电机直流输出连接完好。确认电池的接触器已经闭合 |
| 不充电，告警灯闪 | 确认输入电压在 170~263V AC 之间。<br>输入电缆的截面积在 2.5mm² 以上 |
| 不充电，告警灯闪，且风扇不转 | 过热告警，请清理风扇的灰尘 |

### 4.3.6　车载充电机的更换

1. 准备工作

安装三件套、翼子板布和格栅布。准备工作如图 4-77 所示。

2. 下电操作

按照规范流程进行下电操作。

3. 车载充电机的拆卸

（1）拆下车载充电机低压线束、两个高压线束，拆下线束如图 4-78 所示。

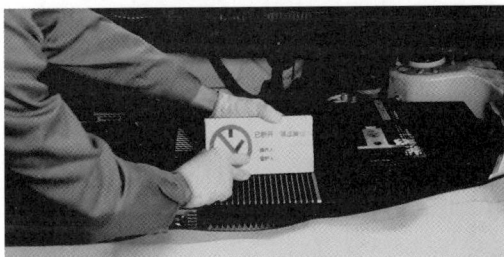

图 4-77　准备工作

图 4-78　拆下线束

（2）拆卸 4 个固定螺栓如图 4-79 所示。

（3）取下车载充电机，如图 4-80 所示。

图 4-79　拆卸 4 个固定螺栓

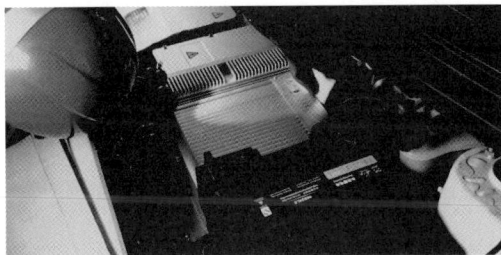

图 4-80　取下车载充电机

经过以上操作，即可将充电机拆下。

4. 更换新的车载充电机

（1）将车载充电机安装到位后，安装四个固定螺栓；

（2）安装车载充电机两个高压线束、低压线束。

5. 更换后的检查

更换完成后需要进行安全检查和慢充测试。

（1）安全检查：检查各部件机械安装牢固性；检查各线缆所连接电源的极性及其连接正确性；检查各电气连接器连接是否到位，相应的卡口或锁紧螺丝是否卡紧或拧紧；检查各高、低压部件的绝缘性等。

（2）进行慢充测试，仪表显示慢充正常，如图 4-81 所示。

（3）车载充电机充电指示灯显示正常，如图 4 - 82 所示。

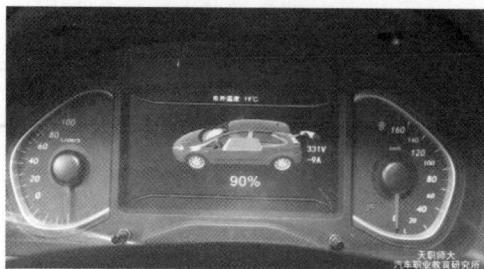

图 4 - 81　慢充测试仪表显示正常

图 4 - 82　车载充电机充电指示灯显示正常

（4）拔下充电枪并整理。

（5）取下格栅布、翼子板布，关闭机舱盖；取下三件套。

完成车载充电机的更换。

# 第 5 章

# 充换电设施基础

## 5.1 充换电技术概述

电动化是目前汽车行业发展的趋势，其优点有：以二次能源替代传统的石油等不可再生能源；行驶过程中二氧化碳"零排放"；噪声污染小；能量转化效率较高。

电动汽车大规模发展的前提条件：配套完善的充换电设施。

### 5.1.1 电动汽车充电技术

电动汽车充电技术包括：交流充电技术、直流充电技术、大功率充电技术以及有序充电技术。

1. 交流充电技术

新能源汽车的动力电池自身只能接受直流充电，当外部接入电动汽车的是交流电时，需要先通过车载充电机进行交流转直流过程，再给动力电池进行充电。交流充电设施占用体积小，操作简便，安装容易，但其充电速度较慢，电动车需要 6～8h 左右的时间才能充满电量。

交流充电的流程如图 5-1 所示，电动车连接充电设施后，交流电经充电设施及充电连接装置传输至车载充电机，经车载充电机整流、滤波等处理后转换为直流电为动力电池充电，电动车在充电完成后发出中断信号，结束充电过程。

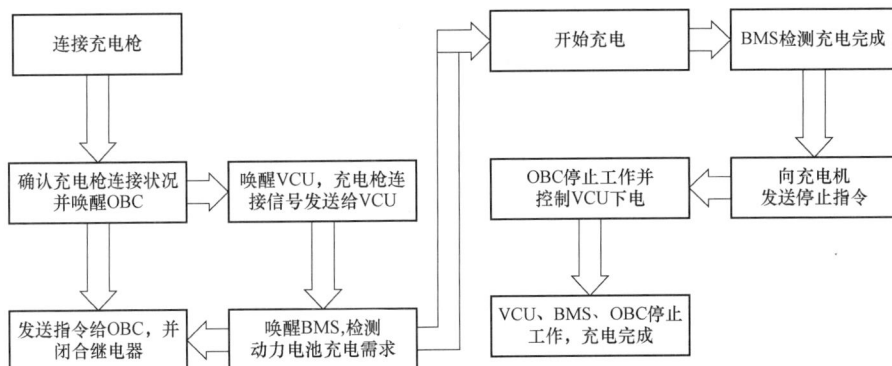

图 5-1 交流充电流程图

## 2. 直流充电技术

直流充电指的是通过充电设置直接将电网中的交流电转化为直流电传输至汽车动力电池。市场上大部分直流充电装置集中在 120kW 左右，电动车 30min 即可充电 80% 以上。正因如此，直流充电特别适合需要快速补电场景，如市内公交车、环卫物流车、出租车等。其缺点在于产品造价较高；电动车充电时由于输出电流较大，充电的过程中会伴随电池温度升高，可能导致动力电池的额定容量降低，对电池产生不可逆损伤。直流充电流程如图 5 - 2 所示，充电桩和电动车匹配连接，识别通信协议进行充电控制单元激活，车辆开始充电，电动车在充电完成后发出中断信号，结束充电过程。

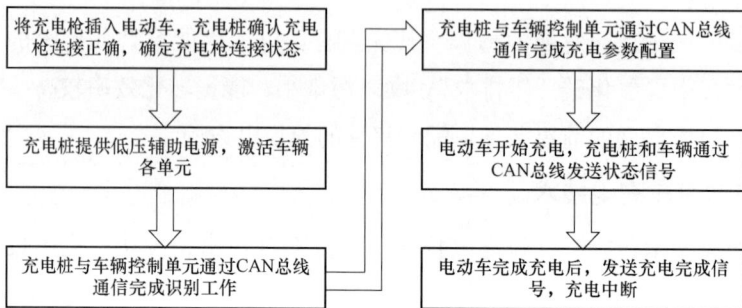

图 5 - 2　直流充电流程图

## 3. 大功率充电技术

随着电动汽车的续航里程的延长，电池容量和充电时间也随之增加，对于电动汽车来说，解决充电时间问题已迫在眉睫，大功率充电技术应运而生。行业内将充电功率大于 350kW，电压达到 1000V，电流达到 350A 的充电方式定义为大功率充电。近年来，特斯拉、星星充电、特来电等众多国内外车企和供应商都在积极研发大功率充电技术。其中北汽新能源车载最新超级快充技术，可实现最大充电功率 280kW，10min 续航 300km；保时捷 Mission E 的快充系统最大充电功率可达 350 kW，4min 续航 100km。2021 年 1 月 15 日，"中国电动汽车百人大会"在北京钓鱼台召开，会上，广汽官方表示，首款搭载石墨烯电池的 AION V 的充电的最大功率达到 600kW。相关研究显示，当充电桩的充电功率达到 350 kW 或以上时，电动车可以实现和燃油车加油一样的感受，这种充电方式可以实现传统车的完美替代。但大功率充电技术同样面临一些问题，中国科学院院士欧阳明高表示，大功率充电技术需要重点关注安全性和耐久性，快充会导致电池负极的电位急剧下降，不仅会带来电池寿命的问题，也会带来安全问题。

## 4. 有序充电技术

有序充电最早的项目是从 2011 年开始的由日产汽车（7201 - JP）跟夏威夷合作的 Jump Smart Maui 试点项目（JSM）。

其中一部分是充电管理计划，也就是有序充电，将原本下班就开始充电的时间，改到凌晨，减低电网负载，并进行负载调节。

图5-3中红线是夏威夷茂宜岛电力负载曲线，从图5-3中可以看到，如果电动车的充电时间，在下班之后立刻充电，会跟原本负载高峰重合，加大电网的不稳定。

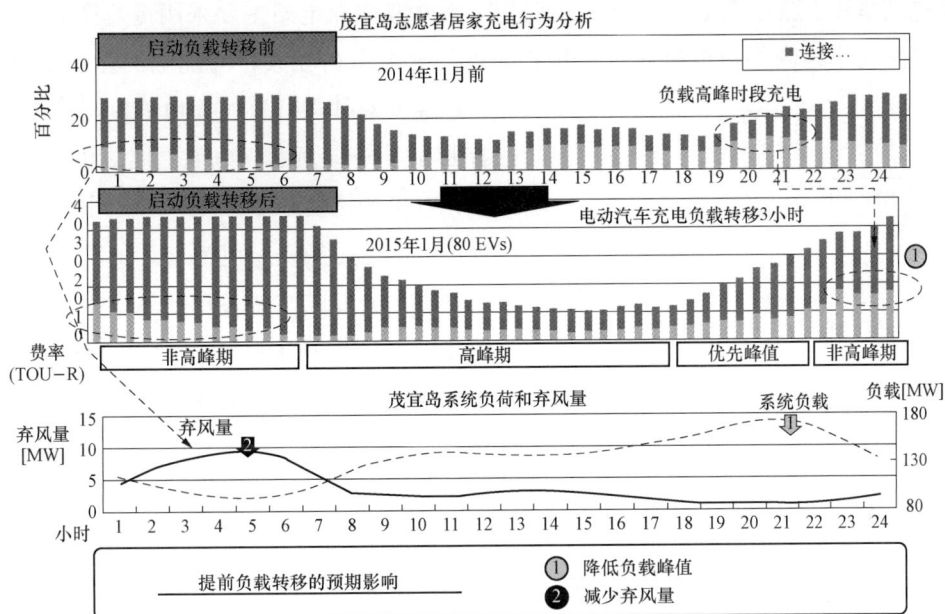

图5-3 夏威夷茂宜岛电力负载曲线

当电动车数量越多，用电负载高峰会大增，电网会越不稳定，跳电概率大幅提升，很有可能会大停电。

尤其当输入电源是绿电时，图中灰色线是风力发电消耗后的剩余电量，在凌晨最不需要时，剩余电量最大，风电的逆调峰特性，会强化跳电的概率。

因此当电动车的充电时间有序后移，不但能避开负载高峰，还能消耗多余的风电，可谓一举两得。

从电网角度来看，要避开电网常规负荷的高峰时期，合理分散电动汽车充电负荷，适时缩小对电网其他负荷的冲击。另外要确保电动汽车与电网的高效协调发展，减轻发输配电的建设成本，实现削峰填谷的目的，就必须对电动汽车的充电进行积极的引导和控制。也就是在满足电动汽车耗电量需求的基础上，运用实用的经济或技术手段来引导电动汽车进行有序充电。

在智能电网的支配下，一方面可以借用电价格政策来引导用户主动调整自己的充电行为；另一方面也可以采用与用户签订相关协议的方式，来调控电动汽车的充电负荷，以保证电动汽车进行有序充电。以电动汽车用户与电网的互动为例，电力公司建立电动汽车智能充放电管理系统。通过信息通信技术，综合监测电网实时运行状态和满足所有电动汽车的充电要求，在不干扰电动汽车实际使用需要的前提下，通过智能化充电设备的自动调节控制能力来对电动汽车的充电操作进行管理，可以通过充电需求的缓急来进行排序，也可以借用统一延时调度充电的方式响应电网的需求，保证电网侧与电动汽车充电的供需平衡。

（1）换电站集中充电有序控制策略。

换电站采用"集中充电、统一配送模式"，其中集中充电站主要采用慢速充电方式进行充电。但是与小区内的充电桩相比，集中充电的充电负荷较大，对配电网影响也会变大，

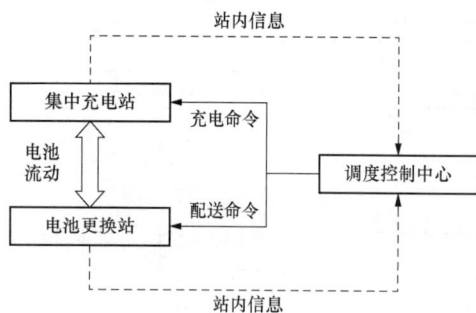

图 5-4　换电站有序控制

所以需要对其进行有序充电控制。换电站有序控制如图 5-4 所示，电池更换站和集中充电站应该在电网调度中心的统一控制下，进行统一充电、电池更换以及电池配送的行为。电池更换站和集中充电站将各自的站内信息及时上传给电网调度控制中心，控制中心做出决策后，分别向集中充电站和电池更换站发送充电或者配送电池的命令。集中充电站和电池更换站分别执行相应的指令：集中充电站内的控制系统

则是根据控制中心的实时电价信息和电网负荷信息，向充电机发出指令以完成相应的电网调节命令。即控制充电机在负荷高峰期停止充电，在负荷低谷时段集中统一对电池进行充电；电池更换站按照控制中心的指令完成电池的配送任务，在负荷低谷期以及集中充电站可用充电容量较多的时段将电池配送到充电站。

（2）快速充电有序控制策略。

电动汽车"三方联动"是指电网调度中心、电动汽车以及快速充电站三方的联动。通过现有的北斗导航系统、GPRS 和通信网络！使电动汽车行驶时可以实时与调度中心和充电站进行通信。三方联通机制如图 5-5 所示。

相对电网来说，有序充电控制是相对全局而言的在满足电动汽车充电功率需求和电网安全约束条件的前提下，能够有效地保障电网运行的经济性和安全性。在减小电网运行成本的

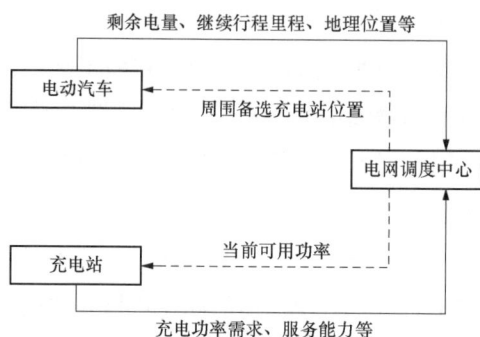

图 5-5　三方联动机制

同时降低用户的充电成本，实现电网和电动汽车用户双赢的局面。对于电动汽车用户而言，有序充电控制策略如图 5-6 所示，电动汽车将当前地理位置、剩余电量、可继续行驶里程等相关信息借助于车载通信终端发送给电网调度中心；调度中心结合来自充电站的信息，给出用户附近的充电站的位置（包括最近的充电站和较近的充电站）并发给车载终端。电动汽车用户根据自身情况做出决定；如果最近的充电站不可提供充电服务需要排队等待，那么用户可以选择去较近的充电站或者选择排队等待。

对于充电站而言，有序充电控制就是充电站通过与电网的联动，在电网统筹安排下进行充电行为。充电站根据上一时段的历史数据或当前电动汽车的充电需求统计，得出在下一时间段的充电功率需求，并将结果实时转发到电网调度中心。电网调度中心根据充电站的功率需求和电网实时运行状态并结合接收到的电动汽车充电需求等相关信息，得出此刻电网的可

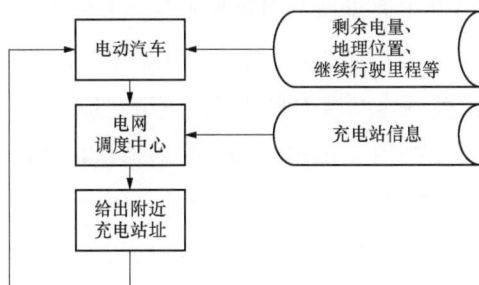

图 5-6 用户有序策略

用功率，并向充电站传递电网可用功率指令。站内控制系统比较当前的充电功率需求与电网可用功率：如果充电功率需求不大于电网可用功率，则可以正常进行充电；否则，需要对电动汽车的充电进行控制，用户进行排队等待。每隔 10~15min，充电站控制系统重新加载站内上一时段的历史数据和当前的充电功率需求，并根据电网的指令及时调整有序充电控制策略，实现电动汽车充电站有序充电。

### 5.1.2 电动汽车换电技术

在新能源汽车的使用过程中，可能会遇到包括电池容量衰减、充电桩短缺等一系列问题，换电技术应运而生。换电技术指的是通过集中型充电站对大量电池集中存储、集中充电、统一配送，并在电池配送站内对电动汽车进行电池更换服务或者集电池的充电、物流调配以及换电服务于一体，理论上可以实现电动车无间断的运行，而且，换电模式下完成后的电池将一直处于循环使用的过程中，可以一定程度延续动力电池的使用寿命，随时可以消除安全隐患。

换电技术最早始于 21 世纪初，当时新能源汽车产业还处于发展初期，续航里程不尽人意，电池技术发展缓慢，针对这一窘境，相关企业已经开始研发换电技术，其中最具代表性的是总部设在以色列的 Better Place 公司，该公司在首先与以色列政府合作，投资 6 亿美金在以色列建成了 38 个换电站和少量充电桩。公司相继与丹麦、澳大利亚、加拿大、日本等国合作，大力推行旗下的换电网络服务项目。但 2013 年 5 月在巨额建站成本和极低回报率的情况下，Better Place 公司宣布破产，其相应的换电业务也宣告终止。不久之后，美国电动汽车制造商特斯拉演示了其最新研发的耗时仅 90s 的换电技术，但由于产业链整合难度大、建站投入高、收益极微等因素，特斯拉最终也宣告放弃换电模式。在国外相关企业纷纷投身换电技术研发的同时，国内企业也在积极推进换电模式的发展。2006 年国内新能源汽车产业尚处于萌芽状态，国家电网响应国家号召启动电动汽车项目，2010 年项目团队开发完成了中国首台可上牌的纯电动汽车，并完成了基础换电技术的储备，发展了一套标准箱换电的技术，在杭州用众泰朗悦和海马普力马车型与高箱体标准箱完成 500 台纯电动换电型出租车试点，并在该项目中首次提出并验证了"车电分离、里程计费"的商业模式；国内最大客车企业宇通集团多年来研发大型车辆的换电技术，并在 2008 年北京奥运会、

2010 年上海世博会期间正式在旗下公交车辆运营换电业务，成效显著，目前已经应用于国内多座城市的公交系统；北汽新能源在 2017 年发布了"擎天柱计划"，预计到 2022 年将在全国范围内投入 100 亿元人民币建造 3000 座分布式储换电站，截至 2019 年底，北汽新能源已经在北京市推广 6000 多台换电模式车辆，目前在全国 15 个城市，有接近 2 万台换电模式新能源汽车在运行。此外，国金汽车、申沃客车、华菱汽车、万向集团、南方电网等相关企业都在积极投身于换电模式的研发，但其换电模式都是针对出租车等商用车型，没有涉及私人乘用车领域。2017 年 12 月 16 日，蔚来汽车在其 NioDay 发布会上正式公布针对私人车主的 NioPower 换电技术，可以实现 3min 以内完成动力电池的快速更换，是全球首个面向私人用户的汽车换电服务系统。截至 2019 年 12 月，蔚来共拥有换电站 123 座，分布在全国超过 20 个省份，近 4 万名车主已经体验到蔚来的快速换电服务，此外，蔚来还首次实现旗下所有车型使用统一规格标准的电池组，方便不同车型的动力电池更换，同时推出电池租用服务，真正实现私人乘用车市场"车电分离"的商业模式，为新能源汽车企业换电业务的发展树立了行业标杆。目前中国的汽车换电领域不论是技术水平还是商业模式的发展都已经走在世界最前列。

1. 换电模式的优势

相较于传统的充电模式，换电模式有如下诸多优势。

（1）缩短能源补给时间，大幅度提高效率目前新能源汽车的电能补给仍然以充电为主，通过私人充电桩和公共充电桩的慢充和快充模式为车辆充电，但即使是大功率的直流电快充，目前投入运营的最高功率仅为 90kW，纯电动汽车的电池容量普遍在 60kWh 左右，容量较高的达到 90～100kWh，而且后期的涓流充电会显著降低速度，一般充满时间在 0.5～2h，而换电时间一般在 3～5min，是快充所需时间的 1/10 左右，与燃油车加油时间相当，极大地缩短了纯电动汽车的电能补给时间，大幅度提高新能源汽车的使用效率。

（2）延长电池使用寿命由于目前大部分新能源汽车的动力电池是不可快速拆卸的，需要一直持续使用，快充虽然可以缩短补给时间，但由于短时间内电流和电压过大，会降低动力电池的还原能力，减少电池充放电的循环次数，加速电池容量的衰减，进而缩短动力电池的使用寿命。由于换电站会储备多块动力电池，可以使用慢充对电池充电，用充满的电池进行更换，此外，每次换电操作之后都需要对电池进行检测和保养，以确保电池的正常使用，客观上减少了对动力电池的损伤和容量的衰减，延长电池的使用寿命。

（3）消除续航里程短板截至 2019 年底，全国安装公共类充电桩 51.64 万台，安装私人类充电桩 70.3 万台，公共桩和私人桩共计约 121.94 万台，同比增速为 57.0%。国内充电桩保有量保持了持续快速增长态势，但车桩比仅为 3.4：1，充电桩仍然存在巨大缺口，特别是高速公路服务区的充电桩目前数量较少，充电速度慢，设备损坏率高，无法满足新能源汽车长途旅行的需求，而换电站的快速普及可以很好地补充充电桩缺口，换电时间大大缩短，已经与加油时间相当，此外换电站全是由相关企业自主建设，有专业的团队负责运营和后期维护，能够保证车主长期稳定使用，目前换电技术是解决续航里程问题的最理想方案。

2. 换电技术的存在问题

换电技术近两年来快速发展，进一步缓解了新能源汽车的里程焦虑问题，提升了新能源汽车的产品吸引力，间接促进了新能源汽车的销量，成为新能源汽车近年来快速发展的重要因素之一，但由于换电技术发展时间较短，尚不成熟，出现了一些急需解决的问题。

（1）普及率仍然偏低，发展较慢虽然换电技术近年来发展较快，汽车销量和换电站数量持续增加，但由于所需资金数额庞大，技术门槛较高，多数企业对此仍处于观望状态，仅有数家企业投身，换电汽车数量占新能源汽车总量比例仍然偏低，截至 2019 年底中国新能源汽车保有量达 381 万辆，而具备换电功能的汽车不足 10 万辆，占新能源汽车保有量的比重不到 3%。全国范围内的换电站数量不足 500 座，远远低于充电桩 121.94 万台的保有量，2019 年 8 月底蔚来宣布旗下所有车型的首任车主可享受终生免费换电，免费换电首日全国各地的蔚来换电站就相继出现长时间排队等待的状况，甚至超过充电时间，效率严重降低，这一现象说明目前换电站数量和普及率远不能满足车辆的换电需求，势必会影响现有车主的体验和潜在消费者的购买意愿，进而影响换电模式的发展。

（2）底盘结构松散，增加安全隐患目前快换电池主要包括 3 种方式：垂直对插式、侧面对插式、平行对插式。轿车、SUV 等小型车辆采用的是垂直对插式或平行对插式，动力电池组布置在底盘或后备厢，客车、卡车等大型车辆采用的侧面对插式，动力电池组布置在侧面。由于动力电池体积较大，同时要与电动机相连来输出动力，80% 以上的换电汽车的动力电池铺设在底盘，一方面可以充分利用车身的有限空间，另一方面使汽车重量集中在底盘，重心下降，增加车辆行驶稳定性，换电技术要求车辆的动力电池要在 3～5min 内更换完毕，车辆的底盘考虑到可快速拆卸的动力电池，不会像普通新能源汽车的动力电池完全固定封死在底盘，而是将底盘结构进行针对性改造，以方便动力电池的拆卸和安装，相对于封闭底盘更加松散，同时坚固性和耐久性不可避免地出现一定程度的下降，出现碰撞事故的情况下车辆损失比其他固定安装动力电池的车型更加严重，驾乘人员的安全不能得到充分保障。除了使底盘结构安全性下降之外，换电技术还会影响动力电池本身的放置结构，由于需要频繁快速拆卸和安装，动力电池组无法完全紧密固定在底盘，会有间隙存在，整体结构松散，导致电池组在行驶过程中出现松动等状况，稳定性下降，在发生碰撞时易造成损坏，在车辆停止时同样会造成事故，国内一家新能源换电车型仅在 2018 年底至 2019 年上半年就发生了 4 次自燃事件，另一家新能源汽车公司在 2019 年 4 月 22 日～6 月 14 日的两个月内发生了 3 起自燃事件。经调查，上述自燃事件的原因全部为动力电池存在安全隐患，这两家公司随后相继宣布召回旗下相关新能源汽车产品。

（3）增加运营成本，加重企业负担换电技术需要生产企业对车辆底盘、动力电池、车身结构等方面进行重新设计，与传统充电方式相比差别较大，加之是一项新技术，没有之前的技术储备和积累，研发费用和技术门槛较高，客观上导致研发换电技术的企业较少。同时，换电站除了换电业务外，还需要对电池进行充电、检测、保养等，加之目前换电站还无法实现智能汽车充电桩的无人自助操作，需要单独组建专业团队进行运营，建设成本和人力成 本骤增，进一步加重企业负担，最终影响其整体经营发展。换电模式的创始公司Better Place 因为巨额的财政负担已经破产，特斯拉在评估其换电业务的投入产出比过高会给公司造成极大财务风险之后直接放弃，甚至没有投入运营，国内的换电企业同样面临着资金困境，北汽新能源已经向主营换电技术的北京奥动累计投资数亿元，但目前仍处于亏损状态，蔚来汽车 2019 年前三季度总收入为 18.36 亿元人民币，净亏损 25.21 亿元人民币，居高不下的换电服务体系建设成本是其亏损的重要原因。

换电模式的未来发展趋势虽然换电技术目前遇见了一些问题，但它可以大 幅度提高电能补充效率、延长电池使用寿命、消除续航里程焦虑，发展前景仍然利好，是今后新能源汽车重要的辅助技术。

### 5.1.3 新技术在充换电技术中的应用

1. 云平台技术

电动汽车充电服务云平台是为电动汽车充电提供数据发布、收集、存贮、加工、维护和挖掘的综合平台。为满足业务发展需求，电动汽车充电服务云平台支持百万级客户的多种业务请求，系统平台软件和硬件都具备高可靠性、可用性和可扩展性。电动汽车充电服务云平台如图 5-7 所示。

图 5-7　电动汽车充电服务云平台

2. 大数据技术

目前金融行业、互联网行业、商业零售行业等应用大数据技术挖掘潜在的有用知识，利用潜在的知识提高经济效益；如企业利用大数据分析可以从中获取新的洞察力，将其与已知业务的各个细节相融合，实现跨越式发展。为了更好地管理电动汽车，同样可以采用大数据技术。

3. 电动汽车与电网互动技术（V2G）

V2G 是指电动汽车给电网送电的技术，其核心思想就是利用大量电动汽车的储能源作为电网和可再生能源的缓冲。汽车到电网技术正受到人们的广泛关注，这是因为通过 V2G，电网效率低以及可再生能源波动的问题不仅可以得到很大程度的缓解，还可以为电动车用户创造收益。V2G 示意图如图 5-8所示。

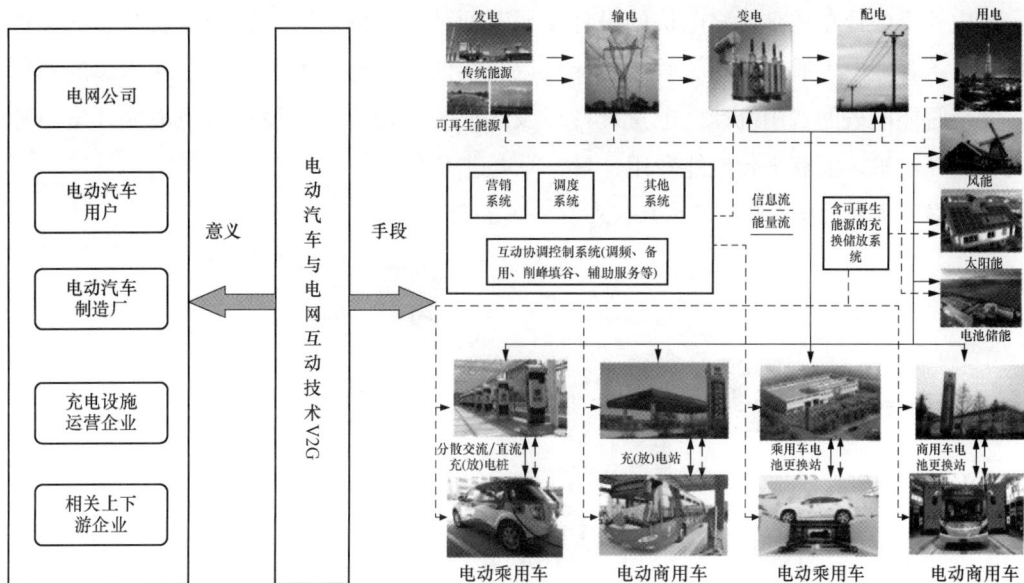

图 5-8　电动汽车与电网互动技术（V2G）

# 5.2　充换电设施概述

充电设备是指与电动汽车或动力蓄电池相连接，并为其提供电能的设备，一般包括非车载充电机、交流充电桩、车载充电机等。

GB/T 29317—2012《电动汽车充换电设施术语》规定：

非车载充电机：安装在电动汽车车体外，将交流电能变换为直流电能，采用传导方式为电动汽车动力蓄电池充电。

交流充电桩：采用传导方式为具有车载充电装置的电动汽车提供交流电源。

车载充电机：固定安装在电动汽车上运行，将交流电能变换为直流电能，采用转导方式为电动汽车动力蓄电池充电。

## 5.2.1　交流充电桩

交流充电桩是一种可以和交流电网相连接，通过车载充电机对电动汽车电池进行电能补给的一种安装在车外的装置。交流充电桩本身并不具备充电功能，其只是单纯提供电力输出，还需要连接电动汽车车载充电机，方可起到为电动汽车电池充电的作用。由于电动汽车车载充电机的功率一般都比较小，所以交流充电桩无法实现快速充电。单项充电桩的最大额定功率在 7kW 左右，主要适用于为小型乘用车（纯电动汽车或可插电混合动力电动汽车）充电。根据车辆配置电池容量，充满电的时间一般需要 3～8h。三相交流充电桩的最大额定功率为 43～44kW，充电较快，半小时充电达到电池容量的 80%。

交流充电桩可以实现电费计量、充电模式选择（按充电金额、时间、电量、预约定时进行充电以及自动充电等）、通信、异常状态保护等功能。

国内外目前分布式交流充电桩的设计主要有两种，一种是围绕智能电表开发的交流充电桩，具备智能电表通信的相关软硬件接口以及智能电表与充电桩主板之间沟通的通信协议，实现智能电表的费用统计、电量统计以及通信等功能；另一种是围绕电能计量芯片开发的交流充电桩，能够进行电能费用计量、充电进程管理。

1. 交流充电桩的组成及技术参数（见图5-9和图5-10）

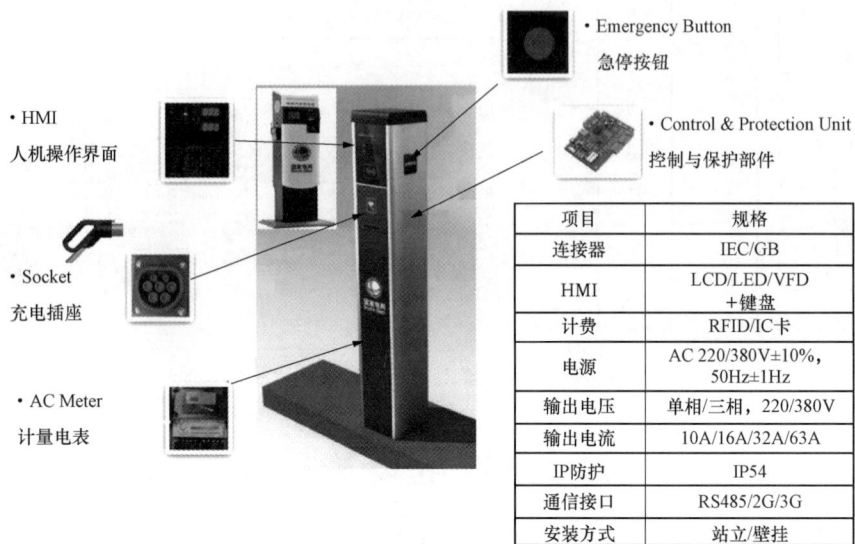

| 项目 | 规格 |
|---|---|
| 连接器 | IEC/GB |
| HMI | LCD/LED/VFD+键盘 |
| 计费 | RFID/IC卡 |
| 电源 | AC 220/380V±10%，50Hz±1Hz |
| 输出电压 | 单相/三相，220/380V |
| 输出电流 | 10A/16A/32A/63A |
| IP防护 | IP54 |
| 通信接口 | RS485/2G/3G |
| 安装方式 | 站立/壁挂 |

图 5-9　交流充电桩技术参数

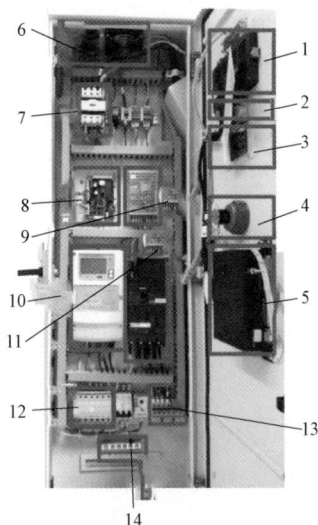

图 5-10　交流充电桩组成
1—液晶屏；2—喇叭；3—读卡器；4—急停按钮；5—TCU；6—风机；7—输出接触器；8—控制器；9—辅助电源；10—电能表；11—进线开关；12—避雷器；13—进线端子；14—接地排

2. 交流充电桩应用场合

（1）乘用车辆，如电动出租车、私人轿车、其他小型电动车辆。

（2）提供一桩一充、一桩两充、立式、壁挂等多种型号产品。

（3）可安装在居民小区、商业停车场、办公等场所。

（4）缺点：充电时间长，一般需6～8h。

3. 交流充电桩关键技术

（1）各种恶劣环境的适应性技术：高低温、高热、高湿、风沙、凝露、雨水等；

（2）充电安全防护技术：漏电、短路、误插拔防护、断线防护、倾倒防护、防误操作等；

（3）充电桩高互换性技术：物理接口、电气接口、通信协议等，实现充电桩和电动汽车充电的兼容互换；

（4）灵活的计量计费技术：与各种不同运营模式的结合；

（5）友好方便的人机交互技术：适应不同层次、不同水平的操作者；

（6）充电桩的运行管理与综合监控；

（7）有序充电及与电网的互动技术等。

交流充电枪包括供电接口、电缆及帽盖等，实现不同车辆接口耦合，提供能量传输路径。

交流充电电流大于 16A 时，供电接口和车辆接口应具有锁止功能。交流充电供电接口和车辆接口应符合 GB/T 20234.2—2015 交流充电接口及相关参数如图 5 - 11 所示。

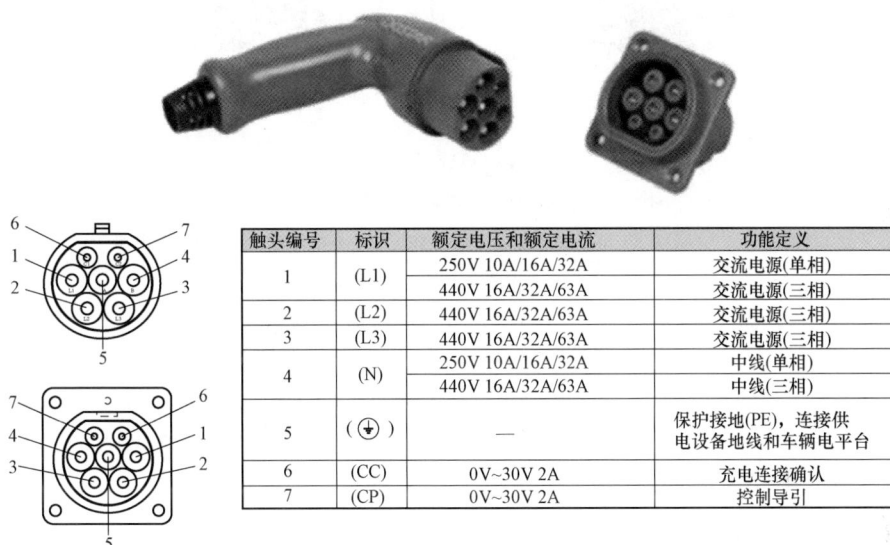

| 触头编号 | 标识 | 额定电压和额定电流 | 功能定义 |
| --- | --- | --- | --- |
| 1 | (L1) | 250V 10A/16A/32A | 交流电源(单相) |
|  |  | 440V 16A/32A/63A | 交流电源(三相) |
| 2 | (L2) | 440V 16A/32A/63A | 交流电源(三相) |
| 3 | (L3) | 440V 16A/32A/63A | 交流电源(三相) |
| 4 | (N) | 250V 10A/16A/32A | 中线(单相) |
|  |  | 440V 16A/32A/63A | 中线(三相) |
| 5 | (⏚) | — | 保护接地(PE)，连接供电设备地线和车辆电平台 |
| 6 | (CC) | 0V~30V 2A | 充电连接确认 |
| 7 | (CP) | 0V~30V 2A | 控制导引 |

图 5 - 11　交流充电接口及相关参数

## 5.2.2　直流充电桩

直流充电桩又称为非车载充电机，用于将交流电能变换为直流电能，为电动汽车车载动力电池直接充电进行电能补给。按照功率单元部分的分布可分为一体式和分体式两大类。

直流充电桩的组成如图 5 - 12 所示。

1. 直流充电桩的主要参数

（1）适用于乘用车、商用车；

（2）额定输入：380V，三相四线/五线制；

（3）额定输出功率：20～150kW；

（4）输出电压范围：DC 200～500V/DC 350～700V；

（5）输出电流：40A～250A，直流充电机的核心部件是充电模块（功率整流模块），整

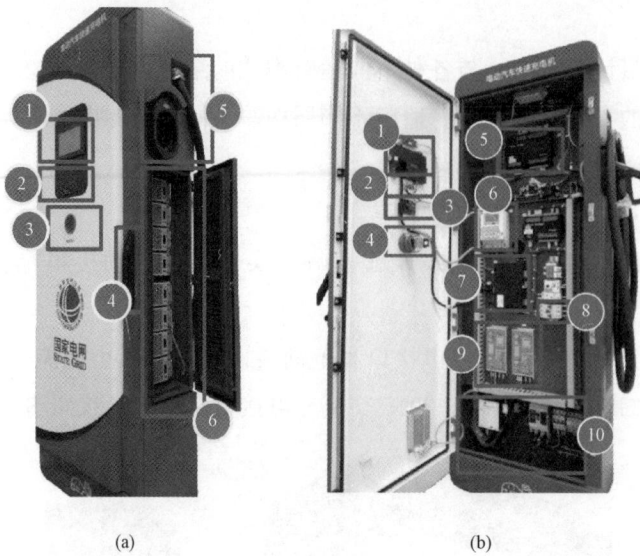

图 5-12  直流充电桩组成

(a) 直流充电桩外部组成

1—液晶屏；2—读卡器；3—急停按钮；4—门锁；5—充电枪及枪座；6—充电机模块

(b) 直流充电桩内部结构

1—液晶屏；2—喇叭；3—读卡器；4—急停按钮；5—控制器；6—电能表；
7—TCU；8—控制电源开头；9—辅助电源；10—交流进线单元

机的发热量远大于交流充电桩，因此机柜需要考虑专业的散热设计；

(6) 直流充电设备要求电缆采用 CASE C 方式连接。

2. 直流充电桩（站）主要应用场合：

主要服务于电动商用车或电动乘用车辆，如电动大巴、电动出租车、私人轿车等。一般采用集中建站的方式，服务于特定用户和公共用户。

3. 直流充电桩关键技术：

(1) 高性能直流充电机技术：能量转换效率、谐波、使用寿命；

(2) 直流充电环境适应性技术：宽的温度范围、IP55 以上的防护等级、户外使用时凝露、风沙防护等；

(3) 安全防护技术：漏电、短路防护、误插拔防护、断线防护、倾倒防护、防误操作、防止带电插拔等；

(4) 充电机的高互换性技术：物理接口、电气接口、通信协议的高度兼容互换；

(5) 充电站监控与运营管理技术；

(6) 直流充电与电网的接口、有序充电以及与电网的互动技术。

直流充电枪包括供电接口、电缆及帽盖等，实现不同车辆接口耦合，提供能量传输路径。直流充电枪接口及技术参数如图 5-13 所示。直流充口车辆接口应符合 GB/T 20234.3—2015。

| 触头编号 | 标识 | 额定电压和额定电流 | 功能定义 |
|---|---|---|---|
| 1 | (DC+) | 750V/1000V<br>80A/125A/200A/250A | 直流电源正 |
| 2 | (DC−) | 750V/1000V<br>80A/125A/200A/250A | 直流电源负 |
| 3 | (+) | — | 保护接地(PE) |
| 4 | (S+) | 0V~30V 2A | 充电通信CAN_H |
| 5 | (S−) | 0V~30V 2A | 充电通信CAN_L |
| 6 | (CC1) | 0V~30V 2A | 充电连接确认 |
| 7 | (CC2) | 0V~30V 2A | 充电连接确认 |
| 8 | (A+) | 0V~30V 20A | 低压辅助电源正 |
| 9 | (A−) | 0V~30V 20A | 低压辅助电源负 |

图 5-13　直流充电枪接口及技术参数

直流充电时，车辆接口应具有锁止功能，锁止功能符合 GB/T 20234.1—2015 相关要求。

电子锁止装置应具备应急解锁功能，应带电解锁应由人手直接操作解锁。

额定充电电流大于 16A 的应用场合，供电插座、车辆插座均应设置温度监控装置，譬如 PT100、NTC 及温度继电器等。

### 5.2.3　充电站

充电站由三台及以上电动汽车充电设备（至少有一台非车载充电机）组成，为电动汽车进行充电，并能够在充电过程中对充电设备进行状态监控的场所。充电站组成如图 5-14 所示。

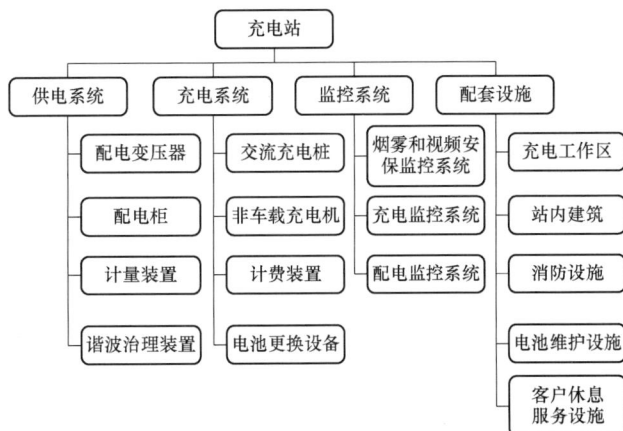

图 5-14　充电站组成

图 5-14 为一个完整的充电站的总体结构及其组成部分。充电站包括供电系统、充电系统、监控系统及相应的配套设施。

供电系统主要包括配电变压器、高/低压配电装置、计量装置；电力级别确定为 2 级，即采用双回路供电、不配备后备电源。该系统符合常规配电装置、其输出为 0.4kV、50Hz。

充电系统满足多种形式的充电要求，提供安全、快捷的能量补给服务，主要包括交流电桩、充电机、计费装置、电池更换设备。

监控系统是充电站安全高效运行的保证，它实现对整个充电站的监控、调度和管理，主要包括配电监控系统、充电监控系统、烟雾和视频安保监视系统。

配套设备主要包括充电区、站内建筑、消防设施及电池维护、客户休息服务设施。

### 5.2.4 电池更换站

电池更换站采用电池快速更换的方式为电动汽车进行能量补给，可有效克服现阶段动力电池性能的限制，为电动汽车运行的运行创造有利条件。

电池更换站主要技术参数如图 5-15 所示。

电池更换站主要包括供电系统、充电系统、电池更换系统、转运系统、综合监控系统和电池检测维护系统。如图 5-16 所示。

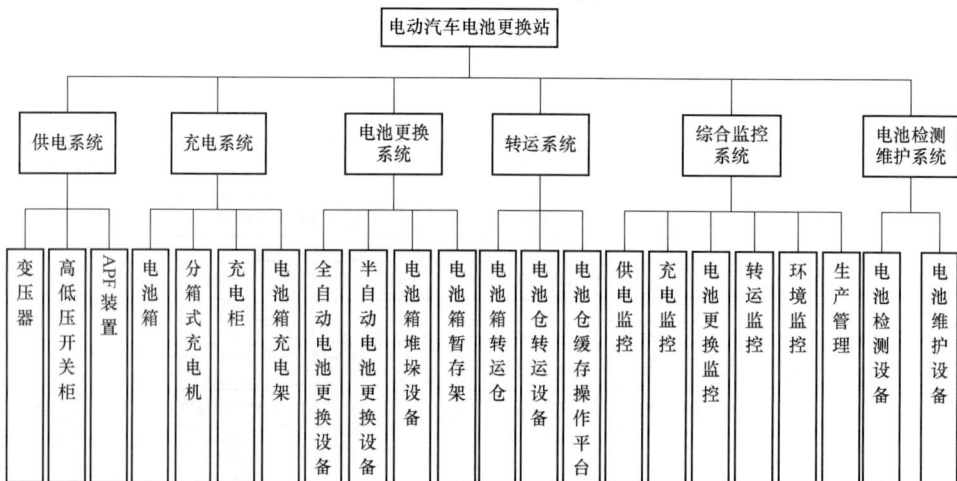

| 内容 | 技术指标 |
| --- | --- |
| 水平移动 | 60m/min |
| 升降移动 | 9m/min |
| 旋转动作 | 60°/s |
| 有效负载 | 500kg |
| 整车更换速度 | 不大于10min |
| 定位精度 | 2mm |

图 5-15 电池更换站主要参数

图 5-16 电池更换站组成

1.电池箱更换设备的应用场合:

商用车电池更换设备主要有自旋转一步式、自旋转两步式等不同 类型;乘用车电池更换设备主要有半自动更换设备和全自动更换设备等。

2.动力电池箱关键技术:

(1)轻量化、高机械强度的电池箱体技术;

(2)高防护等级箱体设计技术:适用于灰尘、水淹等环境要求;

(3)可靠锁止及快速解锁技术:既要满足电池箱安装到车辆上后适应车辆的各种复杂运行环境(振动、冲击等),又能快速 解锁和取出;

(4)安全防护技术:漏电、短路、过载、过充、过放、碰撞等 工况下的安全防护等;

(5)箱体内环境控制技术:控制箱体内环境温度在一定的范围内,控制动力电池所处的环境的温度一致性。

3.电池箱更换设备的关键技术:

(1)快速测量和定位技术;

(2)车辆姿态的自动识别和测量技术;

(3)自动运行和控制技术;

(4)对不同电池箱的自适应技术;

(5)安全防护技术。

### 5.2.5 智能充电机器人

智能多工位自动充电机器人,采用人工智能高精度定位、多传感器融合导航、多维力柔性控制、人机通用充电枪、耐低温机械臂等领先技术的智慧充电机器人系统。通过智能控制系统可实现一台机器人给多车位自动充电,实现电动汽车充电过程全部自动化。智能充电机器人如图5-17所示。

1.智能充电机器人主要技术参数

(1)工作环境:$-50\sim-20$℃ 85%RH;

(2)机器人本体重量:≤200kg;

(3)导航类型:激光+磁条融合导航;

(4)工作速度:≤1m/s 速度可调;

(5)越障高度和过缝隙的能力分别为:≥10mm 和≥15mm;

(6)机器人臂展长度:1300mm;

(7)充电插拔力:≥200N;

(8)充电定位精度:≤0.5mm;

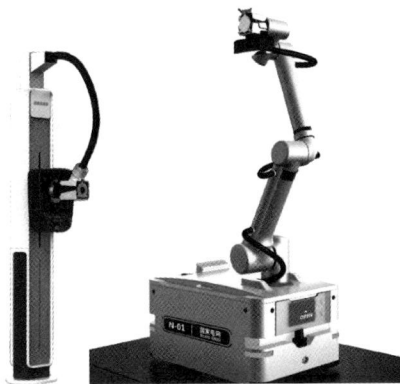

图5-17 智能充电机器人

(9)安全防护:超声波、防撞条、雷达3种安全模式;

(10)充电方式:具备有线和无线两种充电方式,待机时自动无线充电。

2. 智能充电机器人主要应用场合

电动公交车、电动重卡车等大功率、高强度充电工作环境，提高充电站的自动化水平，避免充电人员的安全风险，降低维护成本，可满足未来汽车及自动驾驶等多样化、智能化、无人化需求。

# 5.3 充换电设备工作原理

## 5.3.1 交流充电桩工作原理

交流充电桩硬件结构框图如图 5-18 所示，其中核心控制器是交流充电桩硬件系统的处理信息与控制的关键部分，需要其具有丰富的外设资源和强大的计算能力。微处理器通过接口与人机交互系统进行通信。交易结算模块由 RFID 射频读写器和 Ml 卡组成，核心控制器通过 SPI 接口与 RFID 射频读写器进行数据传输，完成用户身份识别和费用结算收缴功能。电量计算模块将获取到的充电电流、电压和电量等参数，通过接口与微处理器进行数据传输。网络通信模块采用具有 4G 无线数据传输功能的模块，微处理器通过接口与网络通信模块进行数据的发送和接收，硬件系统数据与 4G 网络双向透明传输。控制导引模块负责监测充电接口的状态，核心控制器通过该模块输出 PWM 信号与电动汽车充电器进行通信。安全防护模块由急停开关、漏电保护器组成，微处理器通过 10 端口与电磁继电器连接，电磁继电器控制交流接触器的闭合与断开，微处理器持续监测急停开关、剩余电流动作保护器的运行情况，在发生紧急情况时迅速报警。

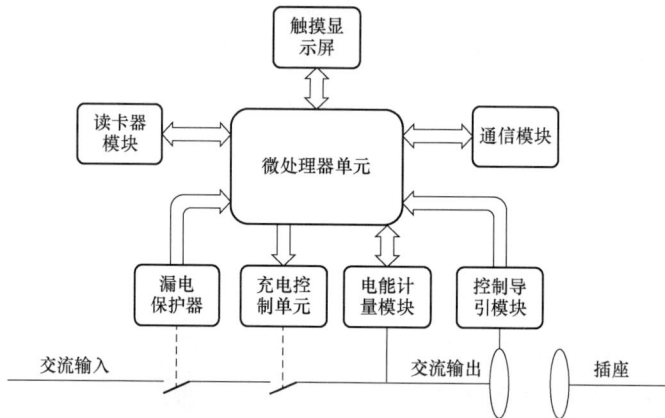

图 5-18 交流充电桩硬件结构框图

1. 电能计量模块（计费系统）

目前交流充电桩的电能计量设计上主要有两种形式，一种是围绕智能电表开发的交流充电桩，要求设计人员通过开发与智能电表通信的相关软硬件接口以及设计用于智能电表准确与充电桩控制主板之间沟通的通信协议，实现智能电表的费用统计、电量统计以及通信等功能，其特点是项目开发的周期较短，电表结构简单，便于维护；另一种是围绕电能计量芯片开发的交流充电桩，将电能计量芯片有针对性地进行嵌入式开发，达到电能费用计量、充电进程管理的目的，其特点是项目开成本较低，产品灵活、体积小。

市面上流行的电能表主要分为两大类，感应式和电子式电能表，感应式电能表利用了电磁感应，将用电过程中的电参数转化为磁力矩，进而带动计度器的转动，感应式电能表的电量计量值在意外断电的情况下会自动保存；电子式电能表是根据数模电路得到的电参数向量乘积来进行电量计量，特点是精度高，功能全面，具有外部通信接口。

电能计量模块通常由 MCU（微控制器）、传感器（互感器）和外设电路三部分组成。其中微控制器中又包含数据运算控制处理和数据通信几个部分的功能，每当有电流通过互感器时，互感器就会将自身感应到的电流和电压传送到微控制器的引脚，然后 MCU（微控制器）利用自带的模数转换功能将接收到的电流模拟量和电压模拟量转换成为数字量，之后再进行数据运算，将运算结果按通信协议通过 MCU 的串口发送出去。其电能计量模块工作的原理如图 5-19 所示。

2. 充电控制单元

充电控制单元控制器的引脚电压仅为3.3V，而分布式交流充电桩系统的电能可到达 220V 交流电，故无法直接用控制器来实现交流电的通断调控。为了实现这种用小电压（控制器端口 3.3V 电压）来控制大电压（交流充电桩的 220V 电压）的通断功能，充电控制模块中采用了串联控制型电路，一般有三级四部分组成，如图 5-20 所示，依次为控制器端口连接光

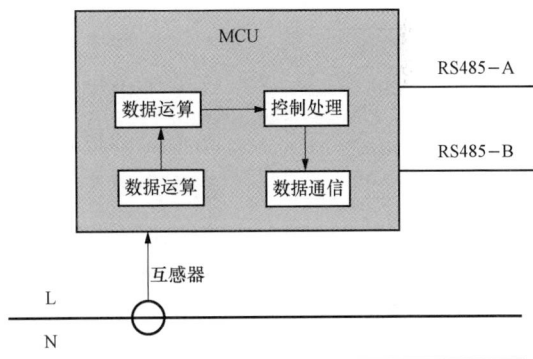

图 5-19　电能计量模块工作的原理

耦合器再连接交流继电器，最后连接交流接触器的串联型电路。该电路的四个部分产生三级不同信号并进行逐级的控制，利用了电平转换最终实现了充电控制。

从图 5-20 可看到控制器使用其 3.3V 的引脚来进行电压控制光耦合器，再用光耦合器的 5V 电压来控制 24V 的继电器，进而实现对 220V 接触器（交流）的控制。其中，光耦合器也称为光隔离器是一种以光亮为媒介信号的光电转换器件。把输入端的电信号转化为光信号，然后再耦合到输出端，再转化为电信号输出的一种器件，也正是由于它的这种结构，使得光耦合器的输入输出端相互并未直接连接，再加之电信号传输具有单向性的特点，因为具有很好的抗干扰和电绝缘特点，因而广泛应用于各种电路中。光耦合器由三部分组成，分别是电信号驱动的发光器件——发光二极管，接收光而产生光电流的光探测器，还有进一步放大输出的信号放大部件。故而光耦合器可以将控制器端口的3.3V 电压经过放大至 SV 电压输出，不仅如此，它还充当了控制器和 220V 交流电的隔离装置。紧接着连接的是 24V 的继电器装置。继电器本身就是一种利用小电流实现大电

流控制一种器件，它不仅可以作为控制电路的一种开关，也是一种电路的保护调节装置。继电器的种类非常多，分类细致，在本设计中，我们选用的是直流隔离型固态继电器。将光耦合 5V 输出电压放大后得到 24V 电压，并在充电控制模块三级串联电路中实现输入输出的电隔离功能。充电控制模块三级串联电路的最后一级是 220V 的交流接触器装置。交流接触器的工作原理是利用线圈通电产生磁场进而吸引铁芯带动触片使得触点闭合完成电路联通，当断电时，电磁场消失，进而释放触片，触点断开从而断开电路。和继电器类似，交流接触器也是通过转换来实现的控制电路。但是通常继电器用于电流较小的电路，而接触器用于较大电流电路中，也因为接触器中配备的有灭弧罩，故而更适合用在电流较大的电路中。

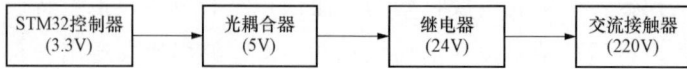

图 5-20　串联控制型电路

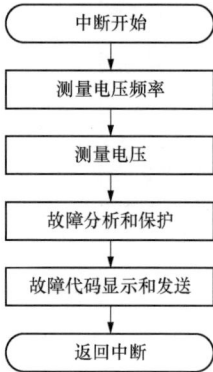

图 5-21　充电桩的防护流程

**3. 电气防护系统**

充电桩是一个综合的电气设备，在其工作时有可能会发生电路的短路或者漏电现象；充电桩的安装地点有可能是裸露在户外的，因而其电气设备也有遭雷击或者水淹的可能。为了在发生这些意外时，充电桩自身具有一定的保护功能，因此需要设计电器防护单元。设计的思路分为两部分，一部分是由断路器、电涌保护器、漏电保护器组成的电器硬件保护部分，另一部分是由中断程序实现的电器软件防护部分。充电桩的防护流程如图 5-21 所示。

防护流程中的"故障的分析和保护"的程序流程如图 5-22 所示。

故障分析和保护程序流程在对电动汽车进行充电时，控制系统会监测充电电压的数值，判断其是否电压过高或者电压过低。在这里瞬时电压不能作为程序评判电压是否正常的评判标准，应在发现电压异常并且异常持续一段时间后才做出反应。如程序的判断结果为电压异常并已经持续一段时间，那么会充电控制系统则将马上执行相关的故障措施，并立即上报故障信息。

**4. 读卡器模块**

智能卡是一种将微芯片嵌入塑料卡中制作而成的，可以实现相应的结算功能的卡，其内包含一个微电子芯片，使用时通常需要和读写器进行数据交换。智能片又称为 IC 卡，是目前使用最普及、应用最广泛的自动交易结算工具。根据不同的角度，IC 卡也有很多不同的分类。根据镶嵌芯片的不同，IC 卡可以分为存储卡、逻辑加密卡和 CPU 卡以及超级智能卡四种不同类型。其中存储卡上集成了译码电路以及可以进行编程的只读存储器 EEP-

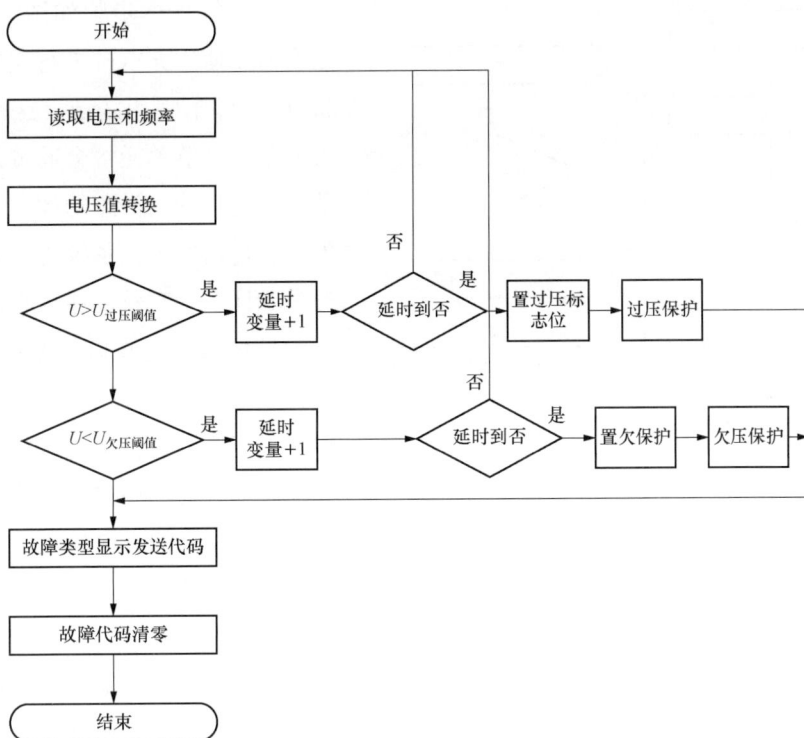

图 5-22  故障分析和保护程序流程

ROM，虽然卡片的使用简单，价格相对低廉，但由于本身不具备保密功能，在安全性能上是最差的；逻辑加密卡在存储卡的基础上，加入了加密逻辑单元，在读写智能卡的时候都会对其进行验证，造价也相对便宜；CPU 的内部则包含了微数据处理器单元（CPU）、输入和输出接口单元、存储单元（RAM、EEPROM 和 ROM），该片比较常用在保密级别比较高的地方比如军事或金融中；超级智能卡是在 CPU 卡的基础上增加了一些外设，比如显示屏（液晶）、供电电压、键盘甚至指纹识别等。根据交换界面的不同，我们又可以将智能卡分为以下三种：接触式智能 IC 卡和非接触式智能 IC 卡，还有双界面片。其中接触式智能 IC 卡是通过 IC 卡的触点与读写设备（IC 片刷片机）的触点相接触来完成数据交换操作的；非接触式智能卡则是通过片内的 RFID 射频电路通过非接触的方式来进行与相应的数据交换从而完成读写的；双界触片则是将前两种片（集成接触式和非接触式）组合在一张智能卡中实现的。综合上述分析，本设计最终决定采用目前比较常见的非接触式的智能 IC 卡来进行交易结算。该卡包含了接触式智能卡的优点，除了加密单元和存储单元，同时还加入了 RFID 射频电路，使它具有操作简单、安全性能高、抗干扰能力强、可用于多种结算系统等特点。因此智能 IC 卡是充电桩系统理想的交易结算方式。充电桩的交易结算主要是要实现用户身份识别、费用收取、交易信息处理以及用户账户管理的功能，这就需要 IC 卡及读写模块和控制系统都具有一定的交易管理功能才能得以实现。

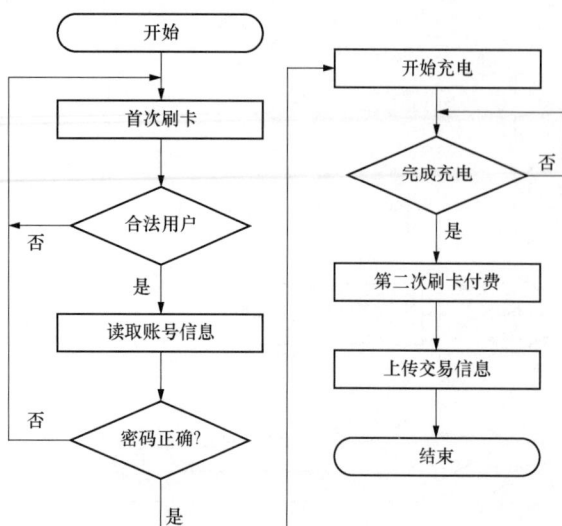

图 5-23　用户刷卡流程

操作的具体步骤如图 5-23 所示。用户需要使用充电桩进行充电时，首先将 IC 片置于刷片区域，这时交流充电桩的微处理器单元将会通过外设的读杆器模块进行片内信息的读取，并将读取的内容传输回监控系统进行验证，如果通过验证卡片有效，那么则读取用户个人的身份信息，并进行密码输入验证，若密码输入正确，则开始充电；若密码输入不正确则跳转至首次刷卡界面。当完成充电时提示用户进行第二次刷卡付费，并将用户的充电信息上传，最终保存在用户服务中心的存储器上。

5. 人机交互单元

交流充电桩作为一个直接与客户面对面的终端设备，需要能够给使用者展现一个简洁大方、友好并且便于操作的使用界面，而我们也是以此为目标和方向来进行设计的，从而使产品能够更好地适应市场的需求。

人机交互单元包括以下五个功能：

（1）液晶触摸屏的操作及显示功能。

液晶触摸屏的显示功能不但可以实时地展示出交流充电桩各个时候的运行信息，也可以显示出用户或者管理人员对信息的查询结果，及充电数据的显示功能；液晶触摸屏的触摸操作功能可以使用户通过该屏对充电参数等进行设置或查询个人费用信息等，管理员通过触摸屏操作可以对充电桩运行状况等参数进行设置和日常系统检测维护。

（2）语音提示功能。用户对充电桩进行操作的同时，对关键步骤、特别需要注意的事项进行语音提示，引导用户正确操作。

（3）指示灯的功能。用不同颜色的指示灯来反应充电桩的不同工作状态，从而让用户实时掌握充电桩是否正常工作。

（4）小票打印功能。可以在用户充电结束后将本次充电消费以小票的形式给消费者留下一个纸质凭证。

6. 交流充电桩与电动汽车握手过程

采用交流充电桩时，供电接口电气连接界面示意图如图 5-24 所示。

在充电连接过程中，首先接通保护接地插头，最后接通控制确认触头与充电连接确认触头。在脱开的过程中，首先断开控制确认与充电连接确认触头，最后断开保护接地触头。使用交流充电桩充电时的电气简图如图 5-25 所示。

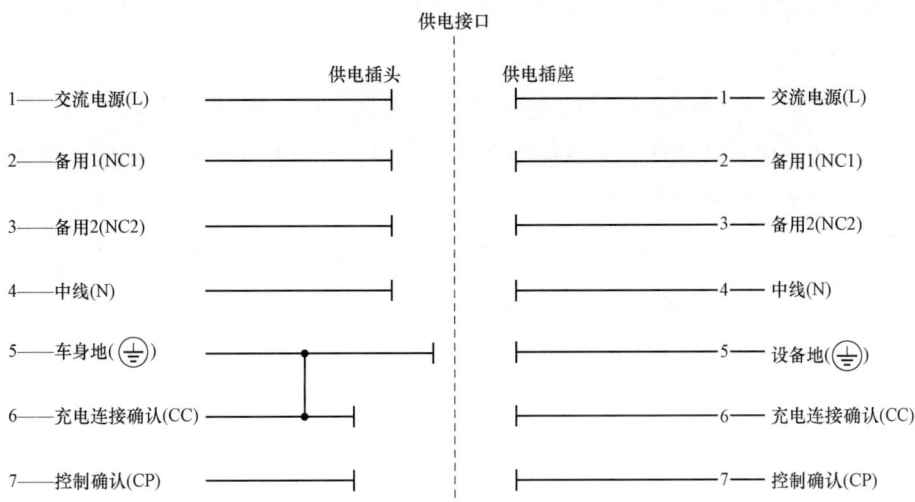

图 5-24　供电接口电气连接

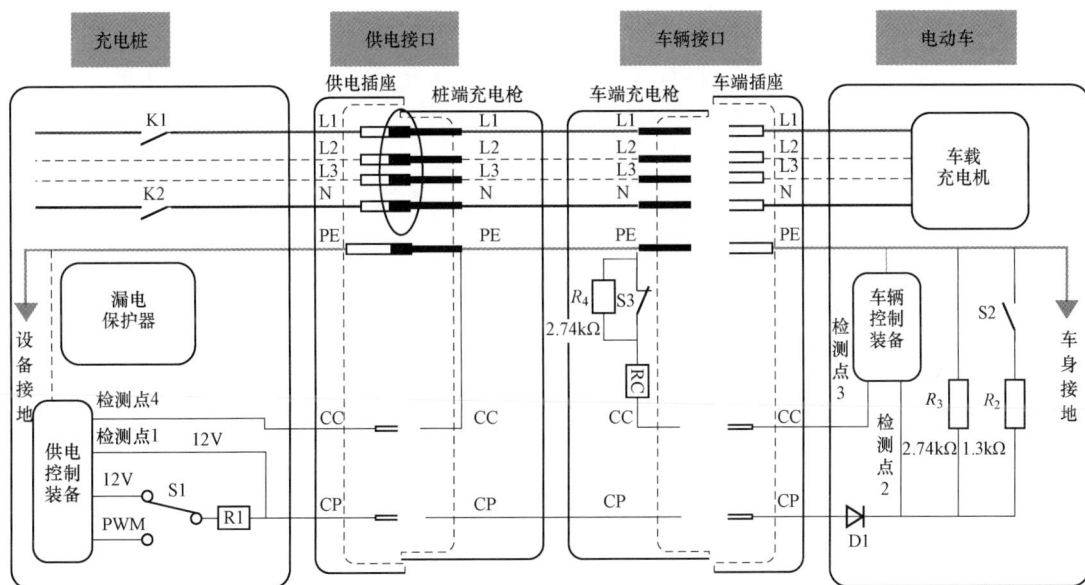

图 5-25　电动汽车交流充电桩充电时的电气简图

可以看出，充电桩部分包含两个接触器开关 K1、K2，分别控制 L1 和 N 线，L2 和 L3 为备用的三相交流电的另外两项；桩内安装有漏电保护装置，一般采用漏电保护开关；充电桩内供电控制装备用来进行供电装备相应的控制，主要有信号的发出和检测，发出的信号有 12V 直流电压信号和 12V 的 PWM 占空比信号，S1 开关为继电器，受控于供电控制装备。供电控制装备通过检测点 1 的电压信号确定 CP 端子外部连接情况。供电控制装备通过检测点 4 的电压信号确定插枪后 CC 是否连接正常。

供电接口部分即为同充电桩连接的充电枪，一般为黑色。接口包括 L1、N、PE 插口，

CC 和 CP 插口为充电连接确认和充电控制确认。现在一般充电桩上自带充电连接线，因此取消了该供电接口。

车辆接口即为同电动汽车连接的充电枪，一般为蓝色。接口包括 L1、N、PE 插口，CC 和 CP 插口为充电连接确认和充电控制确认。同时，充电枪上有检测电路，该线路上有微动开关 S3，即为充电枪上的按钮。当按下按钮时，S3 断开，CC 与 PE 之间通过电阻 RC 与 R4 串联后连接；当松开按钮时，S3 结合，R4 被短路，CC 与 PE 之间通过电阻 RC 连接。RC 电阻值标定了充电枪的额定充电功率。

电动汽车端插座接口包括 L1、N、PE 插口，CC 和 CP 插口为充电连接确认和充电控制确认。

电动汽车端安装有车载充电机、车辆控制装备及检测电路。S2 为继电器，受控于车辆控制装备，检测点 2 的信号确定了是否能够正常进行充以及供电设备的最大供电电流。检测点 3 的信号确定了车辆端充电枪连接状态及充电额定容量。

充电桩与电动汽车握手具体过程如下：

（1）充电连接线与充电桩的连接。

充电桩插入充电连接线充电枪前，检测点 4 悬空，具有 12V 电压；继电器 S1 处于上位，尚未检测点 1 检测电压为供电控制装备提供的 12V 直流电压。PE 端子连接如图 5‐26 所示。

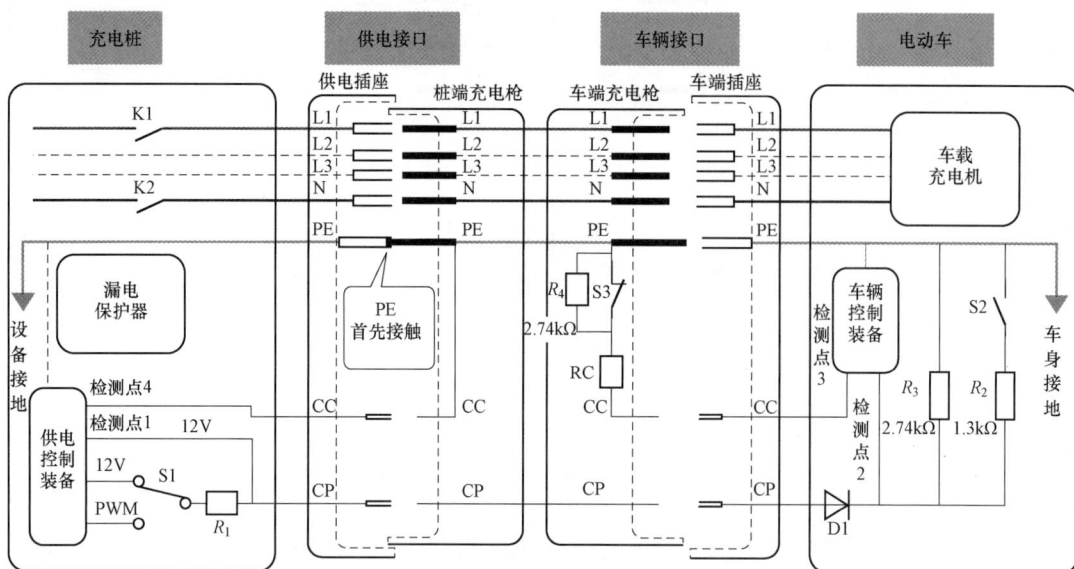

图 5‐26　PE 端子连接

充电连接线与充电桩连接时，即将充电连接线黑色充电枪插入充电桩时，为了保证操作人安全，因此首先连接 PE 端子，即首先使桩端充电枪 PE 端子插入充电桩供电插座中，这是通过设计时加长桩端充电枪端子长度实现的。

之后 L1 和 N 端子连接，如有 L2、L3，此时也连接。K1、K2 一直处于断开状态，因此不会产生危险。L1 和 N 端子连接如图 5-27 所示。

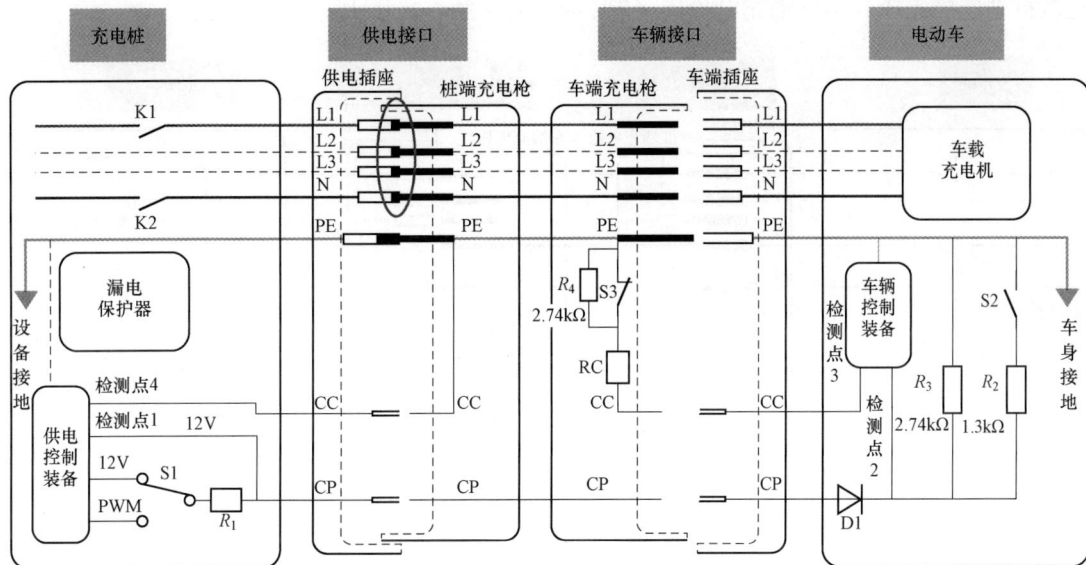

图 5-27 L1 和 N 端子连接

当继续插入桩端充电枪时，CC 和 CP 端子分别正常连接，充电桩供电控制装备通过检测点 4 检测 CC 端子接地，认为 CC 端子正常连接。CC 和 CP 端子分别连接如图 5-28 所示。

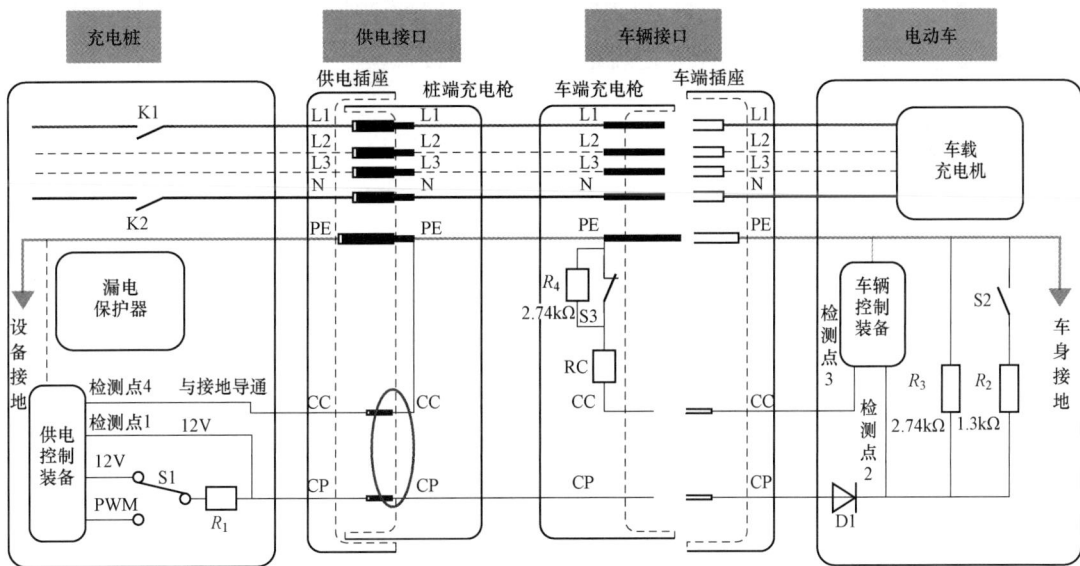

图 5-28 CC 和 CP 端子分别连接

（2）充电连接线与电动汽车端插座的连接。

未插入充电枪时，车辆控制装备检测点检测线路中断路，电阻无穷大，继电器 S2 断开。当充电连接线——蓝色充电枪连接电动汽车端插座时，按下充电枪按钮，S3 断开；插入充电枪时，连接 PE 端子以保证接地安全，充电枪与车端插座 PE 连接如图 5-29 所示。充电桩端连接完毕，车辆端充电枪连接 PE 端子先接触，之后 L、N 端子接触。

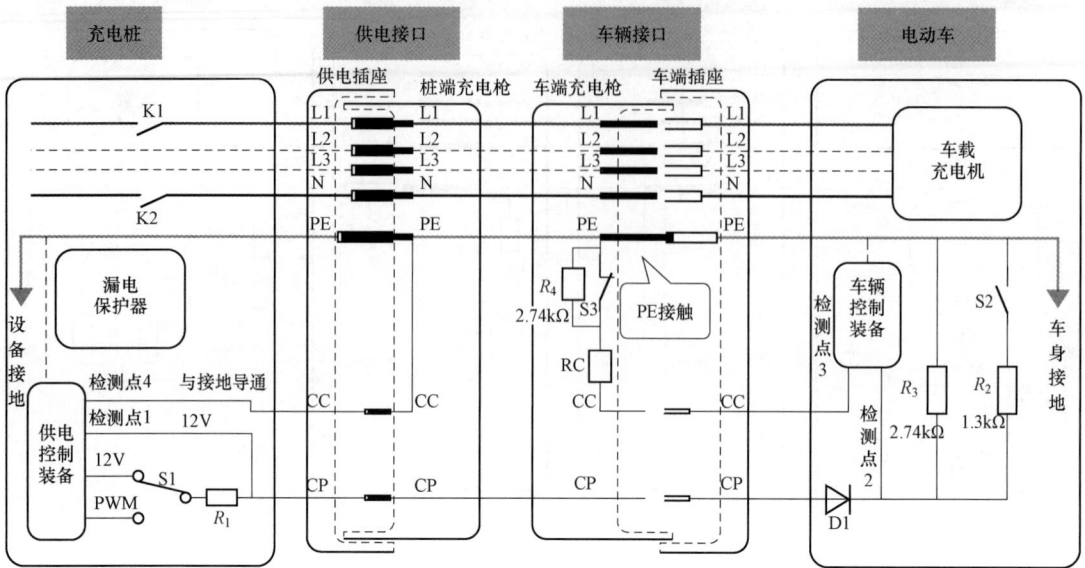

图 5-29　充电枪与车端插座 PE 连接

之后 L1 和 N 端子连接，如有 L2、L3，此时也连接。K1、K2 一直处于断开状态，因此不会产生危险。充电枪与车端插座供电线路连接如图 5-30 所示。充电桩端连接完毕，车辆端充电枪连接时 PE 端子先接触，之后是 L、N 端子接触。

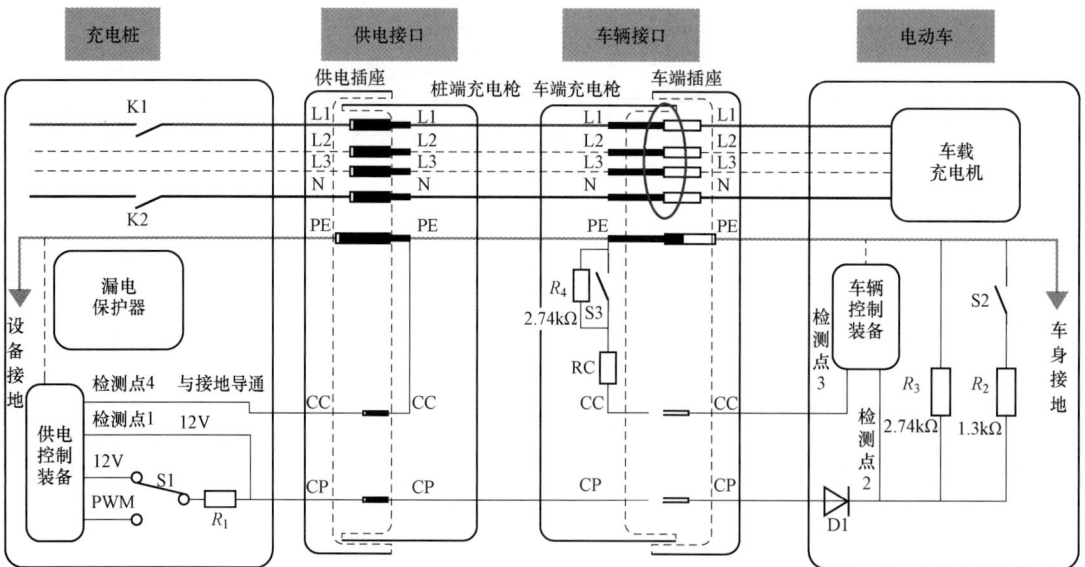

图 5-30　充电枪与车端插座供电线路连接

继续插入充电枪，CC 和 CP 端子分别连接，但是操作人员没有松开充电枪上按钮，S3

处于断开状态，充电枪与车端插座 CC 和 CP 端子分别连接如图 5-31 所示，充电桩端连接完毕，车辆端充电枪连接 CC、CP 端子接触，S3 开关处于断开状态。

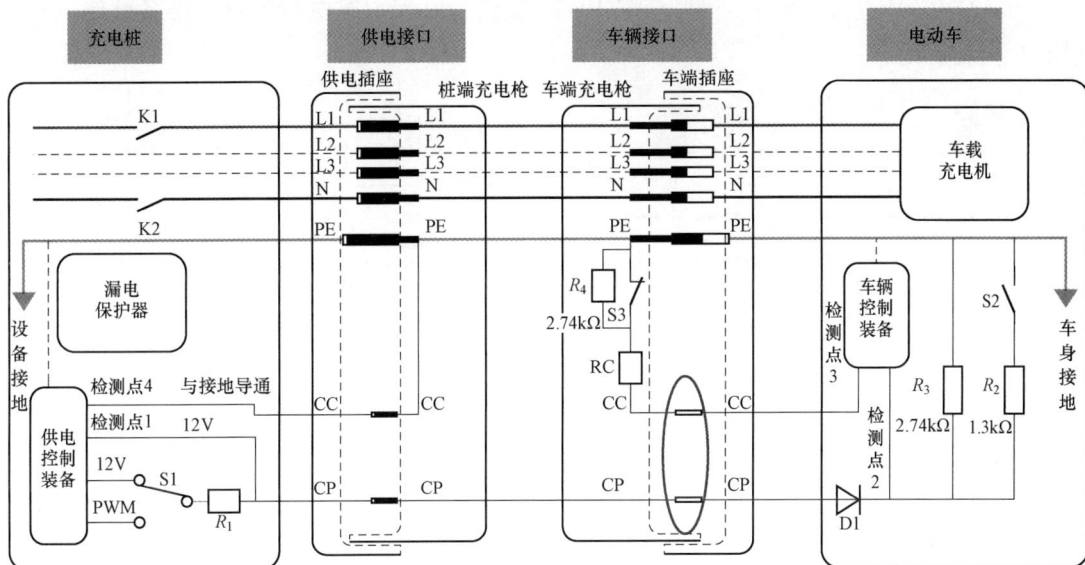

图 5-31 充电枪与车端插座 CC 和 CP 端子分别连接

此时，充电桩供电控制装备 12V 电压引脚所在线路通过继电器 S1、电阻 $R_1$、CP 端子及电阻 $R_2$ 接地形成回路，由于电阻 $R_3$ 为电阻 $R_1$ 的三倍，因此检测点 1 的电压变为 9V。此时，供电控制装备认为 CP 端子连接正常。检测点 1 电压变化如图 5-32 所示，充电桩端连接完毕，车辆端充电枪连接 CC、CP 端子接触，检测点 1 的电压由 12V 变为 9V 后，充电桩检测到充电枪已连接。

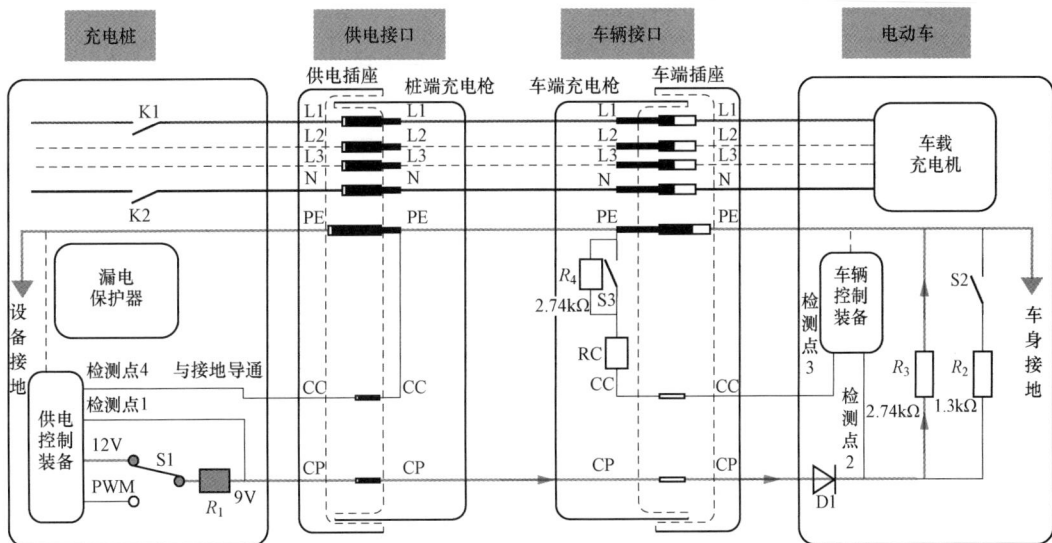

图 5-32 检测点 1 电压变化

充电桩端连接完毕，车辆端充电枪连接 CC CP 端子接触，检测点 1 的电压由 12V 变为 9V 后，充电桩检测到充电枪已连接，充电桩的 S1 开关切换到 12V PWM 波信号端，检测点 1 的信号由 9V 直流电压信号变为 9V PWM 波信号，表示充电设备进入准备就绪状态，如图 5-33 所示。

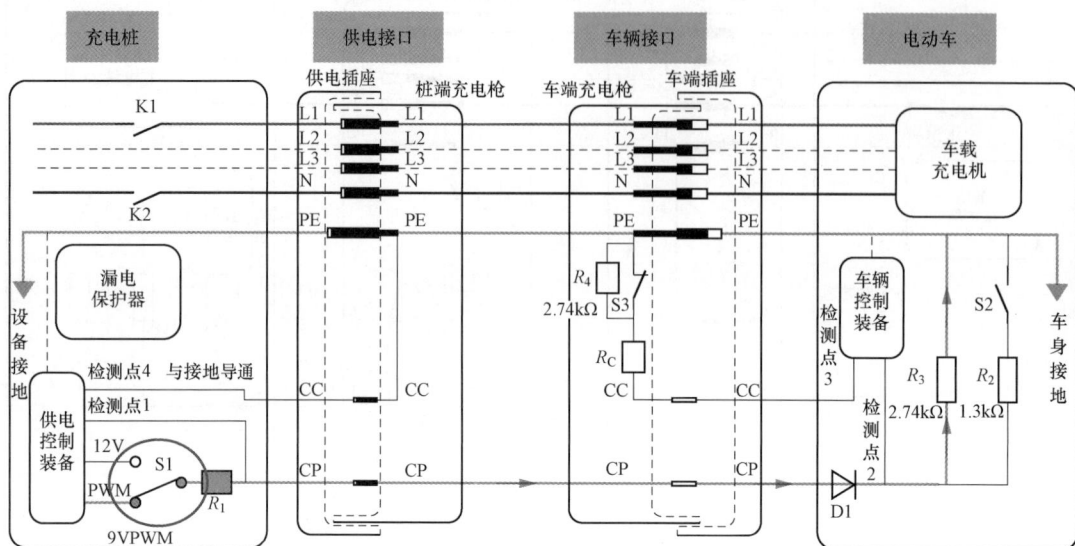

图 5-33　充电设备进入准备就绪状态

车辆控制装备检测点 3 检测到车辆接口 CC 端子所在电路电阻为 $R_C$ 和 $R_4$ 之和，判断充电枪为半连接状态，操作人员未远离车辆或充电枪未插到位。半连接状态如图 5-34 所示。充电桩端连接完毕，车辆端充电枪连接 CC CP 端子接触，检测点 3 会检测到与接地之间的电阻为 $R_C+R_4$ 的阻值时，判断为充电枪为半连接状态。

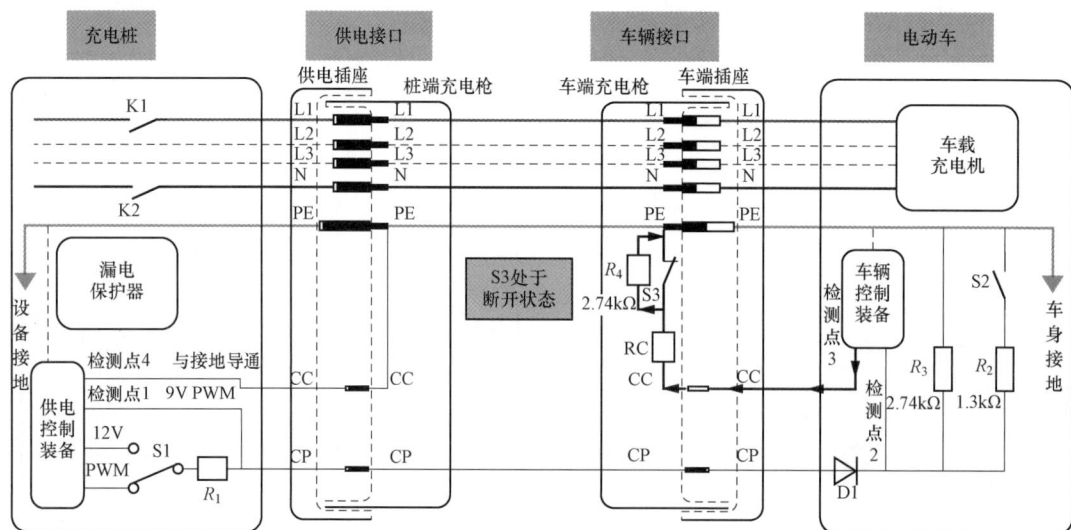

图 5-34　半连接状态

当枪插到位，操作人员松开充电枪按钮时，S3 闭合，此时 $R_4$ 被短路，充电枪连接正常如图 5-35 所示。此时，车辆控制装备检测车辆接口 CC 端子所在短路阻值为 $R_C$ 时，判断充电枪连接到位。

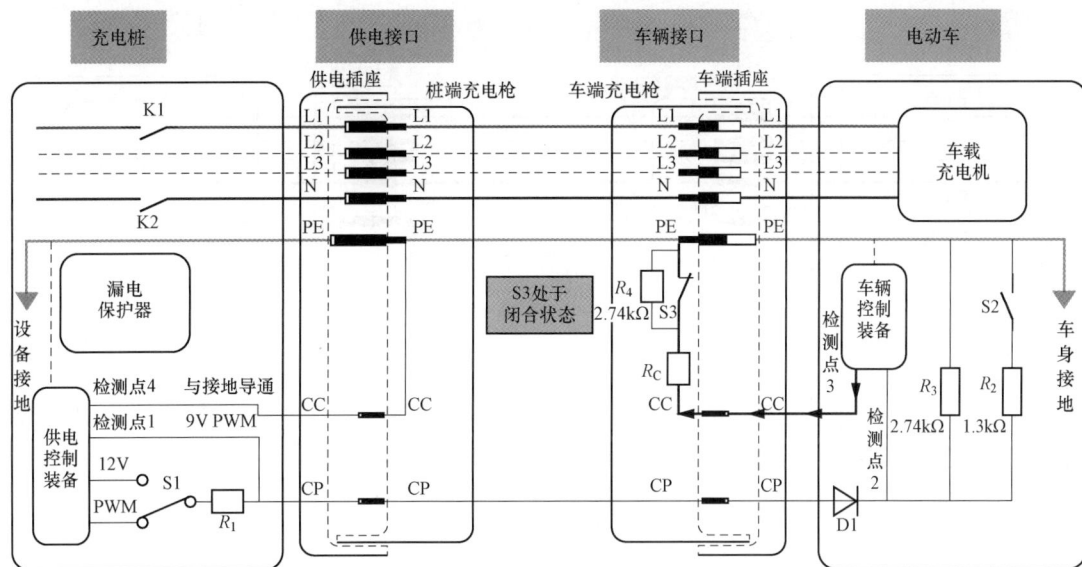

图 5-35　充电枪连接正常

（3）充电使能判断。

充电枪分别正常连接充电桩和车辆后，要判断是否能够和需要为车辆进行充电。测试充电机会根据动力电池的充电需求、动力电池是否有不能充电的故障时确定是否进行充电。如果有充电需求且充电机无故障，充电机会闭合继电器 S2，表示车辆准备就绪，请求充电。继电器 S2 闭合如图 5-36 所示。

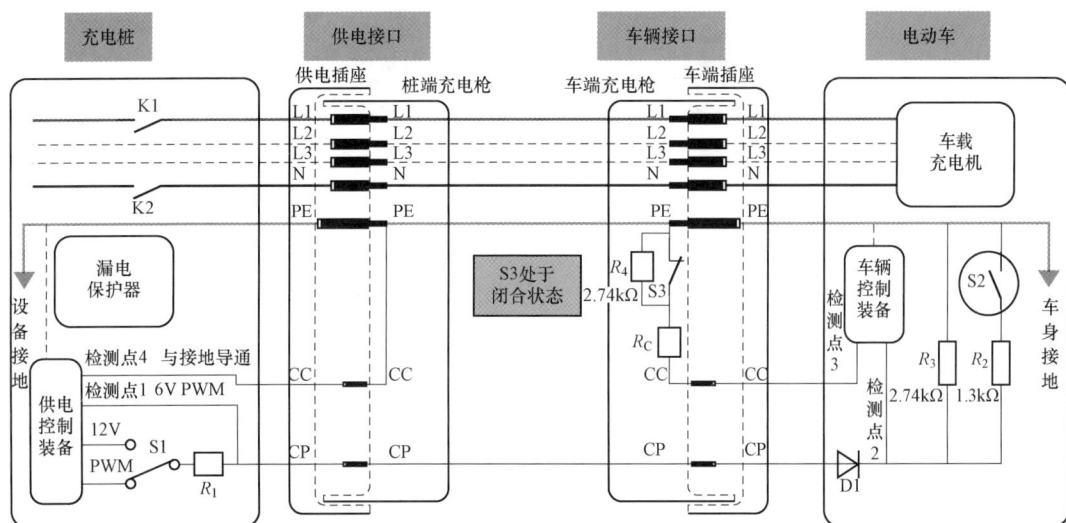

图 5-36　继电器 S2 闭合

当继电器 S2 闭合后，R3 和 R2 并联如 CP 端子所在电路中，供电控制装备检测点 1 检测到电压从 9V 的 PWM 信号转变为 6V 的 PWM 信号，充电桩判定车辆准备就绪，请求充电。充电使能判断如图 5-37 所示。

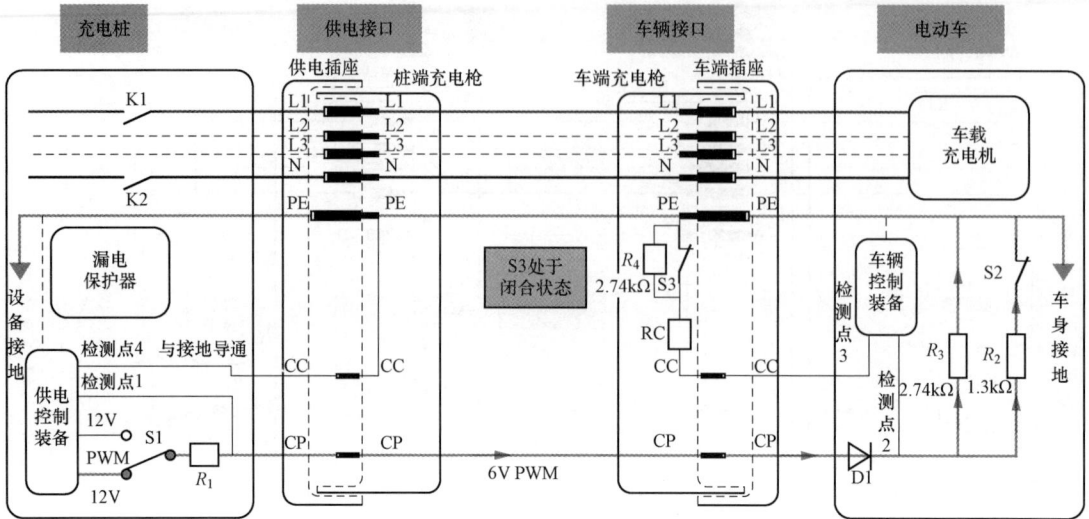

图 5-37　充电使能判断

（4）正常充电。

供电控制装备判断充电准备就绪后，闭合接触器 K1 和 K2，此时 220V 交流电通过 L1 和 N 线路给车载充电机供电，车载充电机进行整流升压后给动力电池充电，完成握手过程。正常充电如图 5-38 所示。

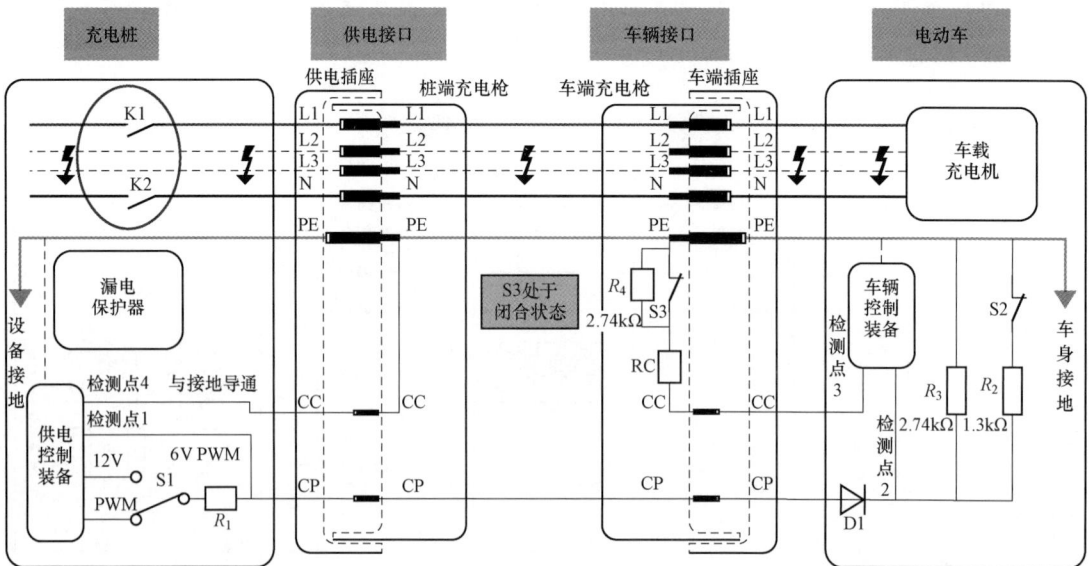

图 5-38　正常充电

7. 典型充电桩结构

典型充电桩包括充电桩壳体、接线排、单项断路器、智能电表、交流接触器、浪涌防护期（防雷系统）、辅助电源、主控板、显示屏、读卡器、继电器模块等。典型充电桩电路如图 5-39 所示。

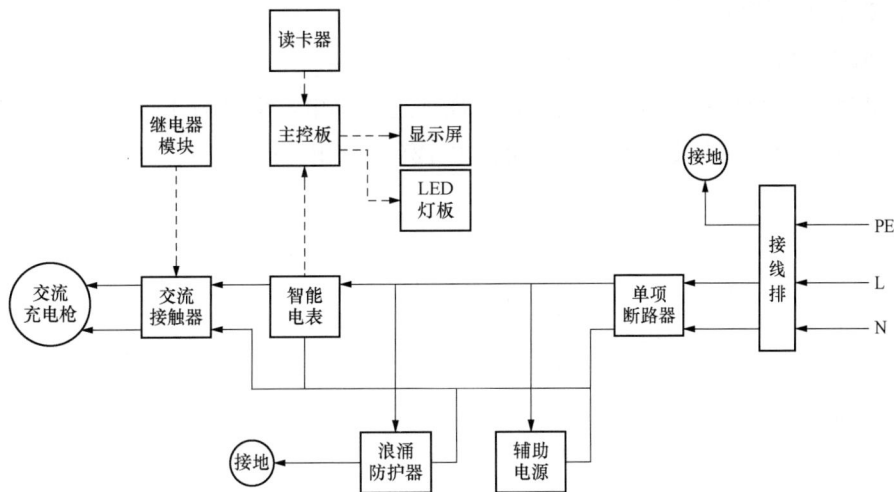

图 5-39 典型充电桩电路

主要模块如下：

（1）读卡器。

读卡器用来读取供电卡信息及扣费，该卡器端子如图 5-40 所示。

读卡器需要 5V 供电，因此线路中包含连接主控板的 5V 供电和接地端子，同时还有和主控板进行通信的串行通信端子，以便于进行读取和扣费。

（2）显示屏。

显示屏显示充电状态，显示屏端子如图 5-41 所示。

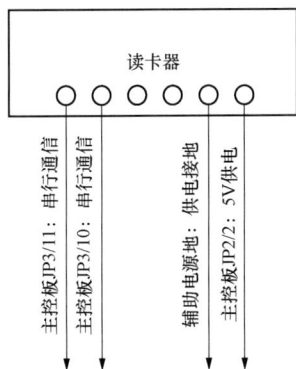

图 5-40 读卡器端子

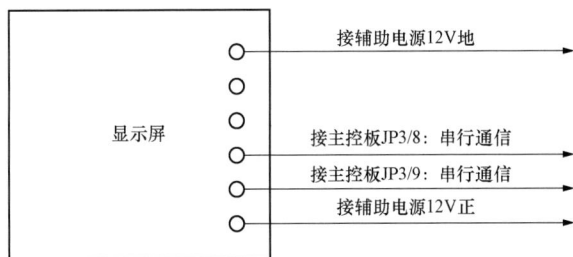

图 5-41 显示屏端子

显示屏为辅助电源 12V 供电，因此有 12V 供电和接地。同时通过两个串行接口与主控板进行通信。

（3）LED灯板。

LED灯板显示充电桩运行状态，端子定义如图5-42所示。

LED灯板上有五个指示灯，分别显示供电、准备、充电、错误及通用状态。因此有5个信号引脚加12V供电引脚。

（4）辅助电源。

辅助电源为主控板、显示屏、读卡器等部件进行供电，引脚为4个，一对连接单项断路器的L1和N为辅助电源供电，另一对输出12V直流电为主控板、读卡器及显示屏进行供电，如图5-43所示。

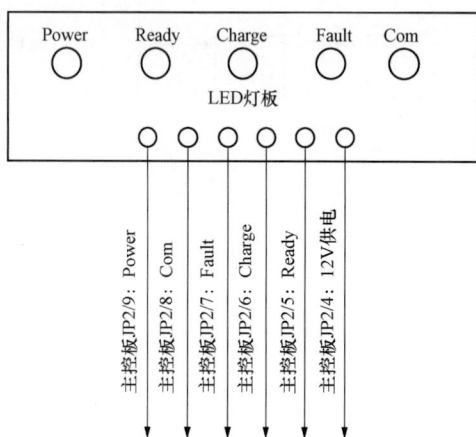

图5-42　LED灯板端子

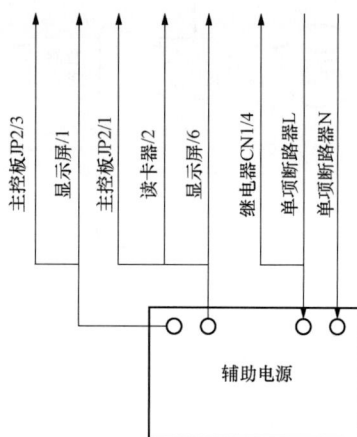

图5-43　辅助电源端子

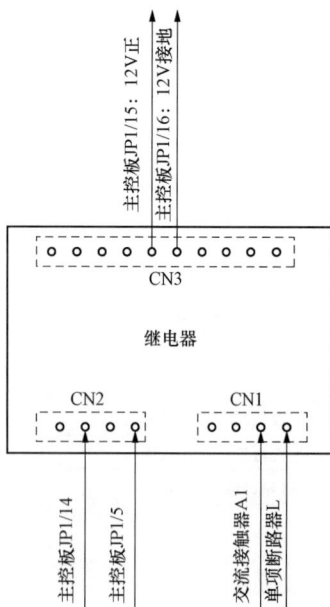

图5-44　继电器模块端子

（5）继电器。

继电器用来控制交流接触器，由主控板提供12V供电，并由主控板通过CN2口两个端子进行控制。继电器模块端子如图5-44所示。

（6）主控板。

主控板为控制系统的核心部件，有JP1、JP2和JP3三个插口，主要功能是对充电桩所有的状态和操作进行检测和控制。主控板还要检测充电枪温度和充电桩门是否安装到位。主控板具体引脚如图5-45所示。

### 5.3.2　直流充电桩工作原理

直流充电示意图如图5-46所示，直流充电桩输出由9根线组成，分别是：

直流电源线路：DC＋、DC－；设备地线：PE；充电通信线路：S＋、S－；充电连接确认线路：CC1、CC2；低压

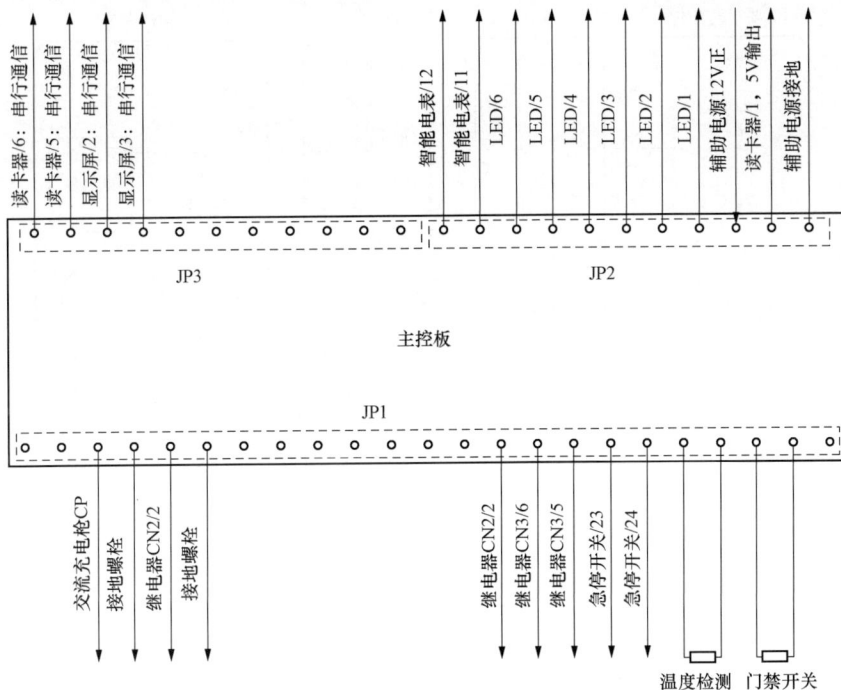

图 5-45　主控板引脚

辅助电源线路：A＋、A－。

直流充电桩就是通过这 9 根线给电动汽车进行充电，其具体的充电模型如下：

从图 5-47 可以看到，左边是非车载充电机（即直流充电桩），右边是电动汽车，二者通过车辆插座相连。图 5-48 中的 S 开关是一个常闭开关，与直流充电枪头上的按键（即机械锁）相关联，当按下充电枪头上的按键，S 开关即打开。而图 5-48 中的 U1、U2 是一个 12V 上拉电压，$R_1 \sim R_5$ 是阻值约 $1000\Omega$ 的电阻，$R_1$、$R_2$、$R_3$ 在充电枪上，$R_4$、$R_5$ 在车辆插座上。

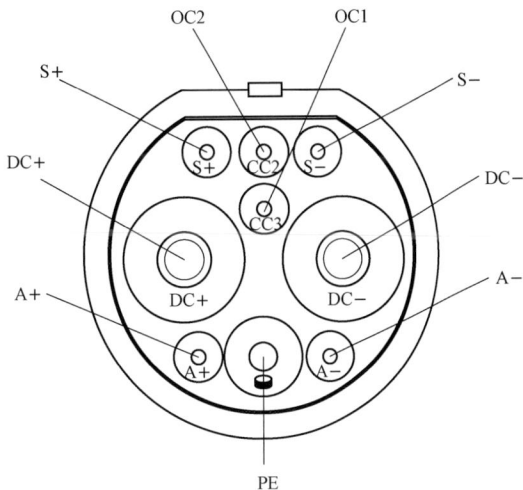

图 5-46　直流充电示意图

1. 车辆接口连接确认阶段

当我们按下枪头按键，插入车辆插座，再放开枪头按键。充电桩的检测点 1 将检测到 12V-6V-4V 的电平变化。一旦检测到 4V、充电桩将判断充电枪插入成功，车辆接口完全连接，并将充电枪中的电子锁进行锁定，防止枪头脱落。

2. 直流充电桩自检阶段（见图 5-49）

在车辆接口完全连接后，充电桩将闭合 K3、K4，使低压辅助供电回路导通，为电动汽

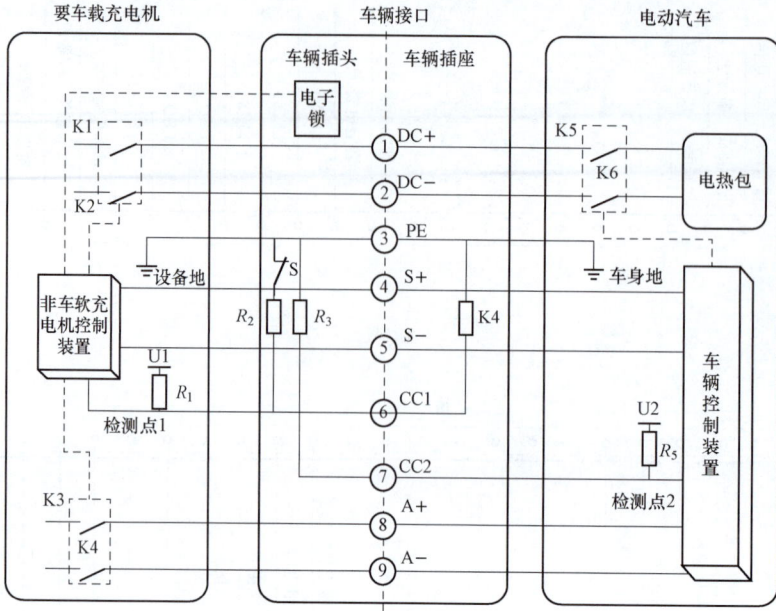

图 5-47 直流充电模型

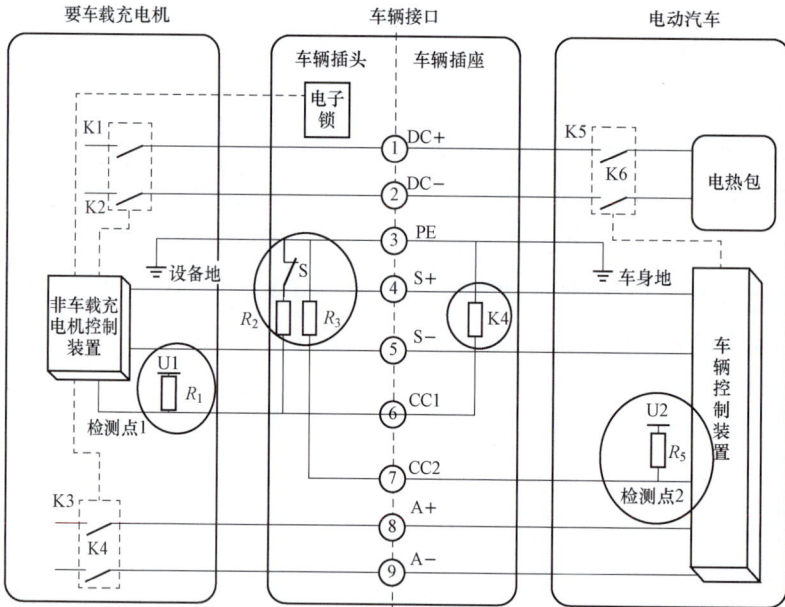

图 5-48 直流充电模型

车控制装置供电（有的车辆不需要供电）（车辆得到供电后，将根据监测点2的电压判断车辆接口是否连接，若电压值为 6V，则车辆装置开始周期发送通信握手报文），接着闭合 K1、K2，进行绝缘检测，所谓绝缘检测，即检测 DC 线路的绝缘性能，保证后续充电过程的安全性。绝缘检测结束后，将投入泄放回路泄放能量，并断开 K1、K2，同时开始周期发送通信握手报文。

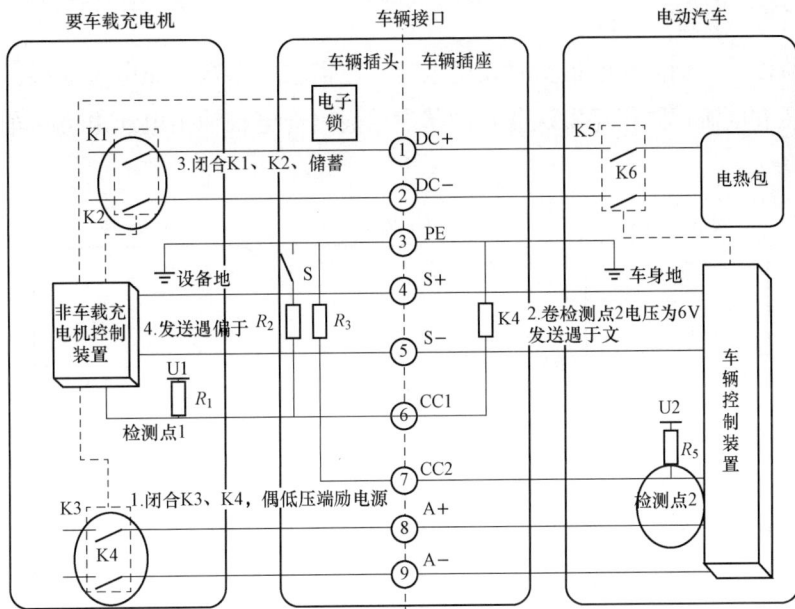

图 5-49　充电桩自检阶段示意图

3. 充电准备就绪阶段（见图 5-50）

接下来，就是电动汽车与直流充电桩相互配置的阶段，车辆控制 K5、K6 闭合，使充电回路导通，充电桩检测到车辆端电池电压正常（电压与通信报文描述的电池电压误差≤±5%，且在充电桩输出最大、最小电压的范围内）后闭合 K1、K2，那么直流充电线路导通，电动汽车就准备开始充电了。

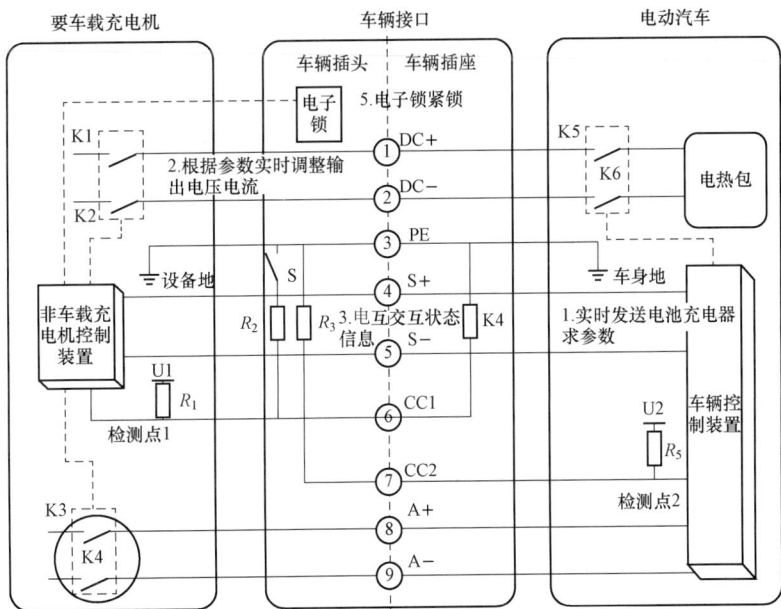

图 5-50　充电桩准备就绪阶段示意图

4. 充电阶段 (见图5-51)

在充电阶段，车辆向充电桩实时发送电池充电需求的参数，充电桩会根据该参数实时调整充电电压和电流，并相互发送各自的状态信息（充电桩输出电压电流、车辆电池电压电流、SOC等）。

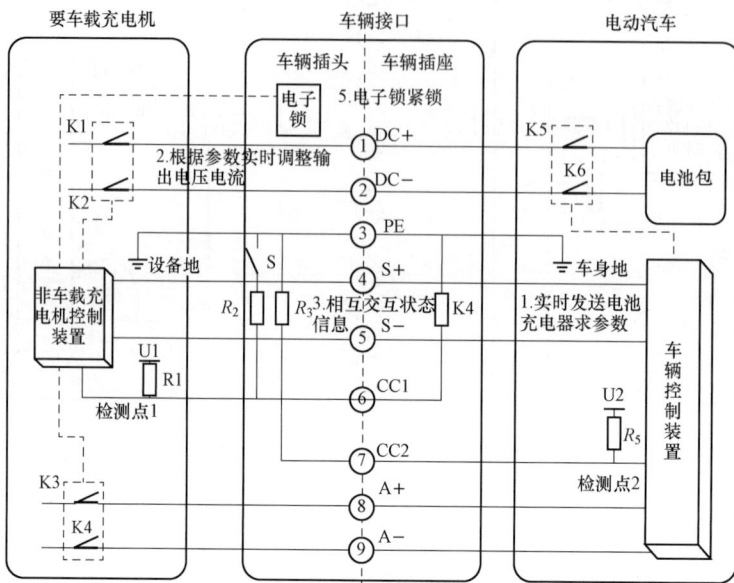

图5-51　充电桩充电阶段示意图

5. 充电结束阶段 (见图5-52)

车辆会根据BMS是否达到充满状态或是受到充电桩发来的"充电桩中止充电报文"来判断是否结束充电（非正常条件在后续文章进行介绍）。满足以上充电结束条件，车辆会发送"车辆中止充电报文"，在确认充电电流小于5A后断开K5、K6。充电桩在达到操作人员设定的充电结束条件，或者收到汽车发来的"车辆中止充电报文"，会发送"充电桩中止充电报文"，并控制充电桩停止充电，在确认充电电流小于5A后断开K1、K2，并再次投入泄放电路，然后再断开K3、K4。

直流充电桩的输入电压采用三相四线380VAC（±15%），频率50Hz，输出可调的直流电，直接为电动汽车的动力电池充电。

直流充电桩采用三相四线制供电，可以提供足够大的功率，输出的电压和电流调整范围大（适用于乘用车和大巴车的电压需求），可以实现快充。直流充电桩与交流充电桩的计量和通信及扩展计费功能类似，其电气结构图如图5-53所示。直流充电桩工作原理：三相380V交流电经过EMC等防雷滤波模块后进入到三相四线制电表中，三相四线制电表监控整个充电机工作时的实际充电电量。且根据实际充电电流及充电电压的大小，充电机往往需要并联使用，因此就要求充电机拥有能够均流输出的功能，充电机输出经过充电枪直接给动力电池进行充电。在直流充电桩工作时，辅助电源给主控单元、显示模块、保护控制

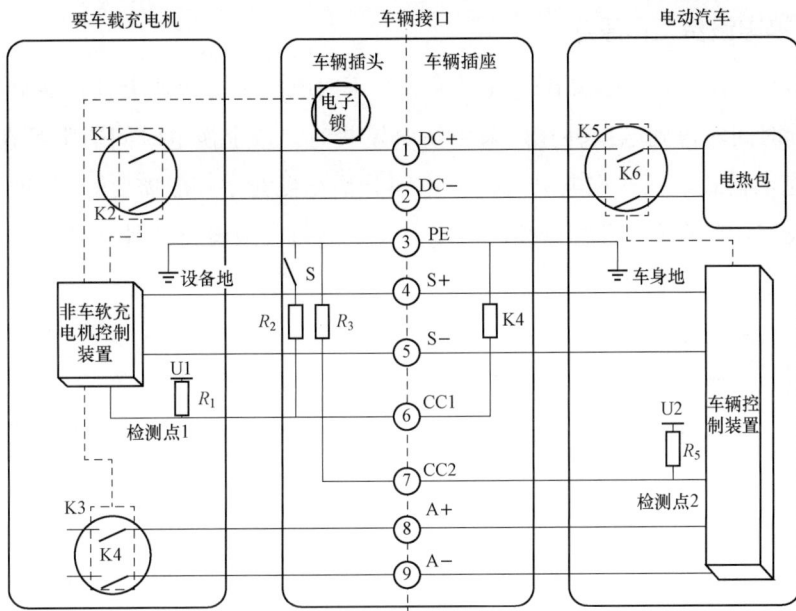

图 5-52 充电桩充电结束阶段示意图

单元、信号采集单元及刷卡模块等控制系统进行供电。另外，在动力电池充电过程中，辅助电源给 BMS 系统供电，由 BMS 系统实时监控动力电池的状态。

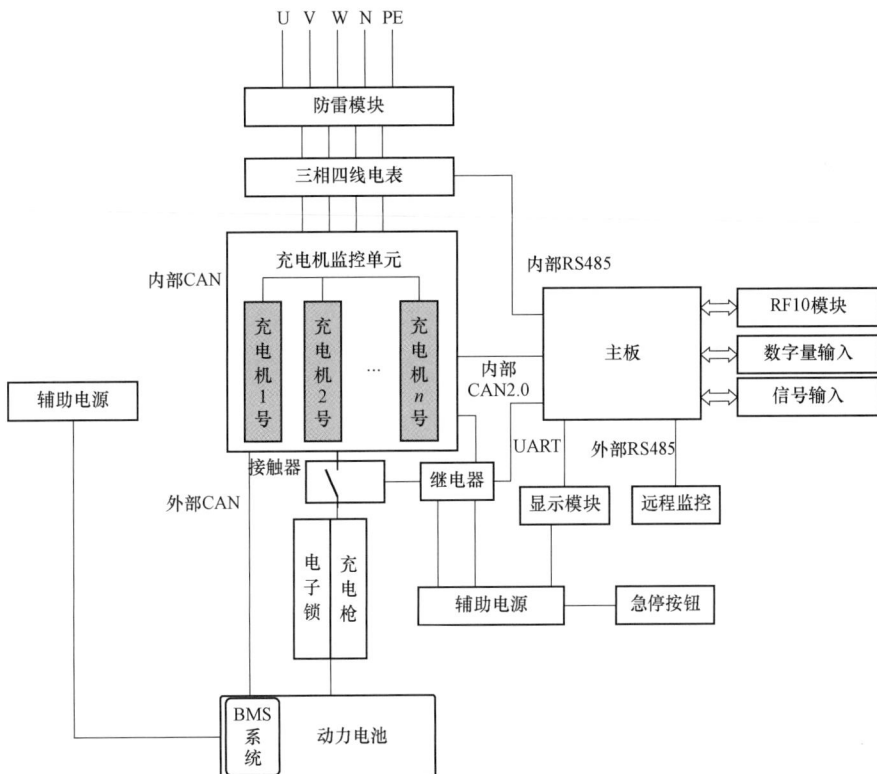

图 5-53 直流充电桩电气结构

### 5.3.3 换电设备工作原理

相比较于充电模式，换电模式是直接采取对车内电池进行快速更换，能够使电动汽车在相对较短的时间内得到电量补充。采用换电模式时，整个换电时间通常都在 10 分钟以内，而常规充电模式，根据充电电流倍率不同分快充慢充，一般需要 30 分钟至 3 小时不等。换电完成后，车辆可以继续行驶，对于需要长途行驶或者持续性运营的车辆，换电模式相对更合适。

**1. 两步式电池更换系统**

两步式电池更换系统电池更换设备在换电车辆两侧各一套，对称布置，每套设备包括：电池架 1 组、有轨巷道堆垛机 1 台、机械手 2 台、摆渡穿梭车 2 台及控制柜系统 1 套。更换过程：有轨巷道堆垛机、机械手和摆渡穿梭车配合共同完成。其中，有轨巷道堆垛机和机械手各在电池架的一侧，穿梭车在电池架下方。有轨巷道堆垛机负责从电池架上取放电池，机械手负责从车上取放电池，而摆渡穿梭车位于电池架的下方，作为在两者之间传递电池的通道。三种设备互相配合，流水线操作，完成大巴车电池的更换。取放电池能力方面，堆垛机、机械手每次最多取放 1 箱电池，穿梭车上有 2 个电池位，用于堆垛机和机械手电池的交换。堆垛机、机械手都具有升降、沿轨道行走和取放电池三个方向动作，穿梭车只有沿轨道行走一个方向动作。

**2. 一步式自旋转更换系统**

一步式自旋转更换系统电池更换设备也是在换电车辆两侧各一套，对称布置，每套设备包括：电池架 1 组、自旋转换电机器人 1 套。更换过程：自旋转换电机器人可独立完成整个换电过程。自旋转换电机器人可依次从电池架上和车上取电池，每次最多可以取 4 箱，取完后，除底座外，整体在水平方向旋转 180°，然后依次把电池存入电池架上或装入电动大巴车内。取放电池能力方面，自旋转换电机器人每次最多可以同时取放 4 箱电池，而且车上取下后，还可以继续从电池架上取，也就是说，换电机器人上最多可以同时有 8 箱电池。自旋转机器人具有升降、沿轨道行走、取放电池和水平方向旋转四个方向动作。

**3. 一步式内旋转更换系统**

一步式内旋转更换系统电池更换设备也是在换电车辆两侧各一套，对称布置，每套设备包括：电池架 1 组、内旋转换电机器人 1 套。更换过程：内旋转换电机器人独立完成整个换电过程。内旋转换电机器人有两个取放电池格位，每个格位都可以独立旋转。内旋转机器人凭借这两个格位的取放电池和旋转，使电池得以从电池架和车辆之间更换。取放电池能力方面，内旋转换电机器人每次最多可以取放 2 箱电池，即每次在车辆侧或者电池架侧，最多可以完成 2 箱电池的更换。内旋转机器人具有升降、沿轨道行走、取放电池和电池格位水平方向旋转四个方向动作。

# 5.4　充换电设施操作

## 5.4.1　充电操作流程

慢充操作流程。

慢充第一步：拔钥匙熄火，打开充电口盖开关，左侧蓝色盖子是快充口，右侧黑色盖子是慢充口，如图 5-54 所示。

慢充第二步：拿出慢充线，如图 5-55 所示。

图 5-54　慢充第一步

图 5-55　慢充第二步

慢充第三步：先把车辆插头端插入车子慢充口，如图 5-56 所示。

慢充第四步：然后再把供电插头插入慢充桩充电口，如图 5-57 所示。

图 5-56　慢充第三步

图 5-57　慢充第四步

慢充第五步：选择屏幕上充电形式：因为这是国网充电桩，所以分为国网充电卡、e 充电扫码和 e 充电账号种方式，在手机端下载"e 充电"，直接点击 e 充电扫码很方便，如图 5-58所示。

慢充第六步：选择充电金额，如图 5-59 所示。

图 5-58　慢充第五步

图 5-59　慢充第六步

慢充第七步：选择完充电金额后，系统会自动生成一个二维码，直接打开手机端"e充电"扫码就可以充电口，如图 5-60 所示。

扫码成功后，自动开启车辆充电。

快充操作流程。

这是充电桩上快充插头，快充是不要准备快充线的，每个快充桩上自带。

快充第一步：打开充电口盖里面的快充盖，如图 5-61 所示。

图 5-60　慢充第七步

图 5-61　快充第一步

快充第二步：然后将快充桩上的快充线连接至车辆快充口，如图 5-62 所示。

然后充电扫码步骤同上述慢充，充电成功后电桩上显示的充电数据，如图 5-63 所示。

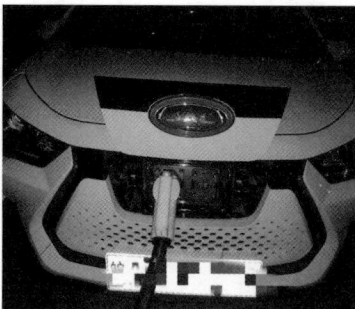

图 5-62　快充第二步

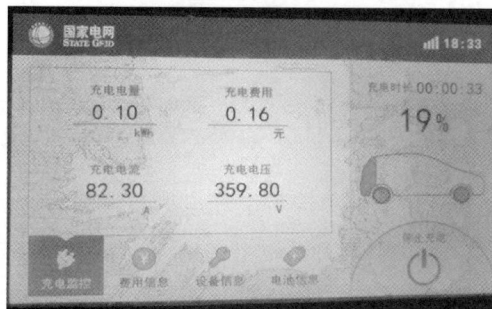

图 5-63　充电数据

### 5.4.2　换电操作流程

1. 换电机器人开启操作规程

（1）确认将要开启的换电机器人所在工位及具体位置。

（2）确认换电机器人右侧防护门下方总电源开关处于断开状态（开关指示点处于 "OFF" 挡位），与其对应的 "红色" 电源指示灯亮处于熄灭状态。

（3）确认换电机器人右侧，防护门上方以及机器人遥控器下方的 "红色" 急停按钮分别处于按压状态。

（4）操作人员打开换电机器人左、右两侧防护门，确认机器人主控柜内部各路电源空气开关全部处于断开状态，并确认行走抱闸接触器、升降抱闸接触器、旋转销伸出接触器、旋转销收回接触器处于断开状态。

（5）关闭换电机器人左、右两侧防护门后，操作人员顺时针旋转动总电源开关，将开关指示点调整至闭合状态（ "ON" 挡位），并观察右侧防护门上方 "红色" 电源指示灯亮起。

（6）确认右侧防护门上方 "红色" 电源指示灯显示后，操作人员需将换电机器人右侧防护门上方以及机器人遥控器下方的 "红色" 急停按钮分别顺时针扭动拉出。

（7）打开换电机器人左、右两侧防护门，按照正确顺序依次闭合主控柜内部各路电源空气开关。

1）闭合照明及摄像电源空气开关；

2）闭合冷却风扇和三相插座电源空气开关；

3）闭合 PLC（运行程序主机）电源空气开关；

4）闭合 24V 电源空气开关；

5）闭合行走抱闸电源空气开关；

6）闭合升降抱闸电源空气开关；

7）闭合安全回路 220V 电源空气开关；

8）闭合小柜 24V 电源空气开关；

9）闭合主回路 220V 电源空气开关；

10）闭合主控柜外部 24V 电源空气开关；

11）闭合激光测距仪电源空气开关；

12）闭合 380V 行走电源空气开关；

13）闭合 380V 升降电源空气开关；

14）闭合 380V 旋转电源空气开关；

15）闭合小柜 380V 旋转电源空气开关。

（8）再次确认行走抱闸接触器、升降抱闸接触器、旋转销伸出接触器、旋转销收回接触器处于断开状态。

（9）操作人员开启换电机器人主控柜内部左侧工控机底部右侧的显示器电源按钮，换电机器人左侧防护门上的显示器会自动进入"视觉系统"。

（10）将换电机器人防护门关闭并锁死后，操作人员顺时针旋转换电机器人右侧防护门上方"复位"钥匙开关。

（11）"复位"后，换电机器人主控柜内部主接触器吸合，并发出"哒"的响声。同时，换电机器人右侧防护门上方系统安全运行"绿色"指示灯显示。

（12）换电机器人主控柜内部主接触器吸合后，右侧防护门上的显示器将会自动启动，并进入BSE-R100操作界面，操作人员点击工控机右下角的"START"栏，进入计算机触摸屏主画面后，并点击"操作画面"，进入换电操作界面，换电机器人开启完成。

2. 换电机器人关闭操作规程

（1）确认将要关闭的换电机器人所在工位及具体位置。

（2）按压换电机器人右侧防护门上方以及机器人遥控器下方的"红色"急停按钮，换电机器人右侧防护门上方"绿色"系统安全运行指示灯熄灭，主接触器断开，右侧计算机触摸屏关闭。

（3）操作人员打开换电机器人左、右两侧防护门，确认机器人主控柜内部各路电源空气开关全部处于闭合状态，确认行走抱闸接触器、升降抱闸接触器、旋转销伸出接触器、旋转销收回接触器处于断开状态。如发现问题，操作人员需找维修人员进行排查、维修。

（4）确认完成后，操作人员关闭换电机器人主控柜内部左侧工控机底部右侧的显示器电源按钮。

（5）操作人员按照正确顺序依次断开主控柜内部各路电源空气开关。

1）断开380V行走电源空气开关；

2）断开380V升降电源空气开关；

3）断开380V旋转电源空气开关；

4）断开小柜380V旋转电源空气开关；

5）断开激光测距仪电源空气开关；

6）断开柜外部24V电源空气开关；

7）断开主回路220V电源空气开关；

8）断开小柜24V电源空气开关；

9）断开安全回路220V电源空气开关；

10）断开升降抱闸电源空气开关；

11）断开行走抱闸电源空气开关；

12）断开24V电源空气开关；

13）断开PLC（运行程序主机）电源空气开关；

14）断开冷却风扇和三相插座电源空气开关；

15）断开照明及摄像电源空气开关。

（6）确认换电机器人主控柜内部各路电源空气开关全部断开后，再次确认抱闸接触器、升降抱闸接触器、旋转销伸出接触器、旋转销收回接触器处于断开状态。

（7）关闭换电机器人左、右两侧防护门并锁死，操作人员逆时针旋转动总电源开关，将开关指示点调整至断开状态（"OFF"挡位），并观察、确认右侧防护门上方"红色"电源指示灯熄灭后，换电机器人关闭结束。

# 第 6 章

# 充 换 电 设 施 运 维

## 6.1 充换电设施运维概述

电动汽车充电设施运维检修工作应贯彻"安全第一、预防为主、综合治理"的方针，严格执行国家电网公司有关规定，在保证安全的前提下，综合考虑设备状态、运行工况、环境影响以及风险等因素，落实好组织、技术、安全措施，确保工作中的人身和设备安全。

运维检修人员应熟悉《中华人民共和国电力法》《电力设施保护条例》《电力设施保护条例实施细则》及《国家电网公司电力设施保护工作管理办法》等国家法律、法规和国家电网公司有关规定。

各单位应及时、动态了解和掌握充电设施的运行状态，并结合充电设施的用户情况、利用率、环境特点和季节性特点，采用定期巡视和特殊巡视相结合的方法开展日常巡视，确保工作有序、高效。

充电设施检修工作应遵循"综合检修"基本原则，根据运行情况和综合分析，适时做好充电设施检修，做到"应修必修、修必修好"。在检修计划编制中考虑将检修和工程、各类缺陷处理相结合，统筹安排，最大限度减少停运次数和时间，提升充电设施运行可靠性。

检修工器具必须采用合格产品并在检验有效期内使用。工器具的使用、保管、检查及试验应符合国家电网公司有关规定要求。

本章术语与定义如下。

1. 充电设施

为电动汽车提供电能的相关设施的总称，一般包括集中式充电站内的交、直流充电机、充电桩和配电设施等相关设备，以及分散布置的交流充电桩等。

2. 充电站

由三台及以上电动汽车充电设备（至少有一台直流充电桩）组成，为电动汽车进行充电，并能够在充电过程中对充电设备进行状态监控的场所。

3. 充电设备

为电动汽车动力蓄电池提供电能的专用设备，包括交流充电桩、直流充电桩等。

4. 充电系统

由充电站内的所有充电设备、充电电缆及相关辅助设备组成，实现安全充电的系统。

5. 直流充电桩

固定安装在地面，将电网交流电能变换为直流电能，采用传导方式为电动汽车动力蓄电池充电的专用装置。

6. 交流充电桩

采用传导方式为具有车载充电机的电动汽车提供交流电能的专用装置。

7. 充电连接装置

电动汽车充电时，连接电动汽车和电动汽车供电设备的组件，除电缆外，还可能包括供电接口、车辆接口、线上控制盒和帽盖等部件。

8. 传导充电

利用电传导给蓄电池进行充电的方式。

9. 充电电缆

给电动汽车充电用的连接线。

10. 充电连接器

充电电缆与电动汽车的连接装置。

11. 充电插头、插座

电动汽车充电用的插头、插座。

12. 附属设施

充电站内雨棚、车位、围栏、照明、标识标示、监控和消防等设施。

13. 车联网平台

国家电网有限公司一级部署的充电设施运营管理平台。

# 6.2　充换电设施巡视

## 6.2.1　充换电设施巡视一般要求

各单位应结合充电设施运行状况和气候、环境变化情况以及上级管理部门的要求，合理安排，开展日常巡视工作。

### 6.2.1.1　巡视的分类

（1）定期巡视：由运维人员进行，以掌握充电设施的运行状况、运行环境变化情况为目的，及时发现缺陷和威胁充电设施安全运行情况的巡视。

（2）特殊巡视：在有外力破坏可能、恶劣气象条件（如大风后、暴雨后、覆冰、高温等）、重要保电任务、重要节假期、设备带缺陷运行、试运行期间或其他特殊情况下，对设备进行的全部或部分巡视。

### 6.2.1.2　巡视周期

（1）定期巡视的周期按照国家电网公司有关要求执行，结合服务特殊客户、充电量、重大保障任务等因素对站点开展差异化巡视。巡视中发现安全隐患应及时汇报，必要时应开展特殊巡视。

（2）遇到以下情况应开展特殊巡视：大风、降雨、冰雪、冰雹等恶劣天气前后；新设备投入运行后；设备经过检修、改造或停运后重新投入运行后；设备缺陷有发展时；法定节假日、重要保电任务时；充电设施运行可靠性下降或存在发生较大事故风险时段。

### 6.2.1.3 巡视注意事项

（1）运维人员应随身携带相关资料及常用工具、备品备件和个人防护用品、如安全帽、手电、手套、相机等。应使用电动汽车作为工作用车或携带充电功能测试设备进行巡视，以便开展充电实测。

（2）运维人员在巡视检查充电设施时，应同时核对 e 充电 App 中的数据准确性。

（3）运维人员应认真填写巡视记录。巡视记录应包括巡视人、巡视日期、巡视范围及发现的缺陷情况、缺陷类别。

（4）运维人员在发现危急缺陷时应立即汇报，并立即开展消缺工作；巡视发现的问题应及时进行记录、分析、汇总，重大问题应及时向有关部门汇报。

（5）巡视的主要范围。充电设施：包括充电机柜体、充电连接装置、充电模块、进线和出线电缆、防雷与接地装置、风机等；根据分界点划分，属于运维部门承担运维职责的配电设施；机柜、硬盘录像机、线缆、终端、直流电源等通信系统；建筑构和相关辅助设施；各类标识标示及相关设施；站内、站外挖沟、取土、修路等影响安全运行的充电站周边环境。

（6）各单元应通过车联网平台及时制定巡视计划；巡视人员每组应不少于两人，应严格执行现场标准化作业指导书，确保作业安全和质量；在巡视中发现的缺陷应尽快消除，威胁充电设施安全运行的情况应向上级有关单位及时汇报，按照缺陷管理要求进行处理。

## 6.2.2 充换电设施巡视内容

### 6.2.2.1 充电桩的巡视内容

充电桩的巡视内容应包括但不限于：

（1）充电站点现场信息与 e 充电 App 中信息是否一致，包括充电桩位置、数量、状态、充电价格、停车费及对外开放时间等；

（2）充电站点使用方式说明、电价公示是否完整、准确；

（3）充电桩充电方式是否满足需求，充电功能是否正常；

（4）充电模块有无缺失、变形、锈蚀、破损、过温现象，输出功率是否正常；

（5）充电控制器是否正常，有无松动、脱落、缺失现象；

（6）充电桩各部件连接点接触是否完好，有无放电声，有无过热变色、烧融现象；

（7）充电机柜内布线是否整齐、美观，线缆标签是否齐全、正确；

（8）接地装置是否良好，接地体有无外露、锈蚀，接地线和接地体的连接是否可靠，接地线是否丢失、破损；

（9）充电桩显示屏是否正常（显示屏可正常工作，无花屏、死屏，无触点不灵敏现象）；

（10）充电桩程序版本是否正确，计费模型是否正确；

（11）充电连接枪线是否接触良好、接头有无过热，接触锁止机构是否完好，充电枪是否正常归位；

（12）急停按钮功能是否正常，护板是否完好；

（13）避雷器本体有无破损、开裂，有无闪格痕迹，表面是否脏污，接线连接是否良好；

（14）风机是否正常，紧固是否牢靠；

（15）充电桩防尘网是否清洁，通风是否良好；

（16）充电桩、整流柜柜体有无锈蚀、变形，金属部位有无锈蚀；

（17）充电设施柜门有无损坏，围栏、门锁是否完好；

（18）铭牌及标识标示是否齐全、清晰、正确，位置是否合适、安装是否牢固。

### 6.2.2.2　配电设施的巡视内容

配电设施巡视的工作内容包括但不限于：

（1）变压器有无异常声音，是否存在超载、重载现象；

（2）设备的各部件连接点接触是否完好，有无放电声，有无过热变色、烧融现象；

（3）控制开关与指示灯是否在对应位置，带电显示器是否正常；

（4）接地装置是否良好，接地体有无外露、锈蚀，接地线和接地体的连接是否可靠，接地线是否丢失、破损；

（5）各种仪表、保护装置、信号装置、无功补偿装置是否正常；

（6）设备有无凝露，加热器、除湿装置是否处于良好状态；

（7）进出管沟封堵是否良好，防小动物设施是否完好；

（8）箱体有无锈蚀、变形，围栏是否完好，箱体门锁是否完好；

（9）基础有无下沉、开裂，屋顶有无漏水、积水，沿沟有无堵塞；

（10）配电设施周围有无杂物，有无可能威胁设备安全运行的杂草、藤蔓类植物等；

（11）铭牌及标识标示是否齐全、清晰、正确，位置是否合适、安装是否牢固。

### 6.2.2.3　通信及监控设备的巡视内容

通信及监控设备的巡视内容包括但不限于：

（1）通信设施柜体有无锈蚀、变形、破损；

（2）通信设备通风、散热等运行环境是否良好；

（3）服务器、交换机电源是否正常，线缆有无老化；

（4）通信设施各部件连接点接触是否完好，有无放电声，有无过热变色、烧融现象；

（5）通信柜内布线是否整齐、美观，线缆标签是否齐全；

（6）接地装置是否良好，有无严重锈蚀、损耗；

（7）各指示灯是否正常，有无告警信号；

（8）硬盘录像机路线、存储功能，交换机运行是否正常；

（9）监控设施是否运行正常，有无异常信号，本地实施视频和录像功能是否正常。

### 6.2.2.4　附属设施的巡视内容

（1）照明设施是否正常；

（2）限位器是否缺失或损坏；

（3）消防器具是否按照标准配置并摆放，灭火器是否过期；

（4）设备基础有无下沉，开裂；

（5）防雨、防水设施是否齐全，雨棚构架有无风化、露筋现象，顶棚有无开裂、损坏；

（6）充电区域及电缆沟内有无防积水处理，排水设施是否完好；

（7）充电站内有无杂物、垃圾、易燃易爆物堆积，站点的进出通道是否畅通，站内及周边有无威胁安全运行的施工作业等。

## 6.2.3　充电设施维护

### 6.2.3.1　充电设施维护一般要求

（1）充电设施维护主要包括一般性消缺、保养、带电测试和清除异物、拆除废旧设备、清理周边通道等工作。

（2）各单位应编制维护工作计划并组织实施，做好维护记录与验收，定期开展维护统计、分析和总结。

（3）运维人员在维护工作中应随身携带相应的工器具、备品备件和个人防护用品。

（4）充电设施的检查、维护和测量等工作应严格执行现场标准化作业指导书。

（5）充电设施维护宜结合巡视工作完成。

### 6.2.3.2　充电设施维护

充电设施维护的主要内容：

（1）清除柜体污秽；

（2）清除防尘网污秽；

（3）开展漏电测试；

（4）修复损耗的锁具；

（5）清理周围的杂物。

### 6.2.3.3 配电变压器维护

配电变压器维护的主要内容：

（1）结合配电变压器巡视工作，进行配电变压器的测负荷工作；

（2）对变压器负载率较高的站点，其变压器 1～3 个月测量负荷 1 次，其他站点的变压器 6 个月测量负荷 1 次。最大负载不超过额定值；

（3）清除壳体污秽。

### 6.2.3.4 低压电缆分支箱维护

低压电缆分支箱维护的主要内容：

（1）清除柜体污秽；

（2）清理周围的杂物；

（3）修复损坏的锁具。

### 6.2.3.5 电力电缆维护

电力电缆线路维护的主要内容：

（1）封堵电缆孔洞，补全、修复防火阻燃措施；

（2）补全、修复缺失的电缆线路本体及附录标志、标示。

### 6.2.3.6 防雷和接地装置维护

防雷和接地装置维护的主要内容：

（1）修复连接松动、接地不良和锈蚀的接地引下线；

（2）修复缺失或埋深不足的接地体；

（3）定期开展接地电阻测量，每年雷雨季节前完成接地电阻普测。测量工作应在干燥天气进行，全站接地网的接地电阻不大于 4Ω，充电机内任意应接地点至总接地之间的电阻不应大于 0.1Ω。

### 6.2.3.7 通信设备维护

通信设备维护的主要内容：

（1）补全缺失的内部线缆连接图等；

（2）清除壳体污秽，修复锈蚀、开裂、缺损、油漆剥落的壳体；

（3）对终端有严重污秽的部件，用干净的毛巾配合清洁剂擦拭；

（4）紧固松动的插头、压板、端子排等；

（5）重新连接异常的接地装置，确保其连接牢固可靠；

（6）检查通信是否正常，能否接收主站发下来的报文；

（7）对终端装置参数定值等进行核实及时钟校对，做好相关数据的常态备份工作。

### 6.2.3.8 建筑物等附属设施维护

建筑物等附属设施维护的主要内容包括：

（1）清除站内堆积物，特别是易燃易爆品和腐蚀性液体；

（2）修复破损的遮栏、防护网、防小动物挡板等；

（3）更换不合格消防器具；

（4）修复性能异常的照明、通风、排水、除湿等装置。

### 6.2.3.9 标识标示维护

标识标示维护的主要内容包括补全、修复缺失、损坏、错误的各类标识、标示。标识标示具体要求执行国家标准、电力行业标准和国家电网公司相关规定。

### 6.2.3.10 季节性维护

（1）每年春季，应对柜体通风防尘装置进行检查，及时清理毛絮。

（2）每年雷雨季节前，应对防雷措施进行检查和维护，修复损坏的防雷引线和接地装置，检查有无防雷措施缺失及防雷改进措施落实情况。

（3）每年汛期前，应对位于地势低洼地带的充电设施进行防汛检查和维护，检查防汛措施落实情况等。

（4）每年夏季高温季节，应对充电模块开展清灰清洁等保养工作，检查风扇运行情况，及时更换防尘滤网等装置。

（5）每年大风季节前，对充电设施进行防风检查和维护，检查和清理充电设备区及周围的漂浮物等。

（6）出行高峰来临前，对箱式变压器等配电设施接头运行情况进行检查，对可能重、过载的配电变压器采取相应措施。对充电需求旺盛、利用率高的充电场站开展特巡，逐站制定运维保障方案，保障用户充电需求。

（7）每年秋、冬季节前，及时清理凝露、凝霜，对防小动物措施进行检查维护。

（8）每年冰雪季节，应对站点通道及时开展清雪、清障工作。

## 6.2.4　充换电设施巡视作业

### 6.2.4.1 巡视准备工作

按主要营销现场作业类型与风险等级对应关系，充电站现场巡视，风险等级为一级，宜采用充电站巡视记录表。根据工作安排合理开展准备工作，内容见表 6-1。

表 6-1　　　　　　　　　　　　　准备工作安排

| 序号 | 项目 | 内容 | 备注 |
|---|---|---|---|
| 1 | 了解现场气象条件 | 了解现场气象条件，判断是否符合安规对巡视作业要求 | |
| 2 | 制订巡视任务 | 掌握整个巡视操作程序，理解工作任务及操作中的危险点及防控措施 | |
| 3 | 领取巡视任务 | 巡视人员到达现场前应先通过 e 巡检 App 领取对应巡视任务，并认真查看巡视内容及要求 | |

### 6.2.4.2　材料和备品、备件

根据作业项目，确定所需的设备与材料和备品、备件见表 6-2。

表 6-2　　　　　　　　　　　　　　材料和备品、备件

| 序号 | 名称 | 型号及规格 | 单位 | 数量 | 备注 |
|---|---|---|---|---|---|
| 1 | 移动作业终端 | | 台 | 1 | 需安装 e 巡检 App |
| 2 | 绝缘手套 | | 副 | 2 | |
| 3 | 低压作业防护手套 | | 副 | 根据作业需要 | |
| 4 | 绝缘鞋（靴） | | 双 | 2 | |
| 5 | 护目镜 | | 副 | 2 | |
| 6 | 普通安全帽 | | 顶 | 2 | |
| 7 | 绝缘挡板 | | 块 | 2 | |
| 8 | 安全带 | | 副 | 2 | 根据现场实际情况确定 |
| 9 | 安全警示带（牌） | | 块 | 根据作业需要 | 根据现场实际情况确定 |
| 10 | 安全围栏 | | 个 | 根据作业需要 | 根据现场实际情况确定 |
| 11 | 充电卡 | | 张 | 2 | |
| 12 | 充电桩前后门钥匙 | | 套 | 2 | |
| 13 | 抹布、扫帚等清洁工具 | | 套 | 2 | |

### 6.2.4.3　工器具和仪器仪表

工器具与仪器仪表主要包括开展装拆用工器具、材料等，见表 6-3。

表 6-3　　　　　　　　　　　　　　工器具和仪器仪表

| 序号 | 名称 | 型号及规格 | 单位 | 数量 | 安全要求 |
|---|---|---|---|---|---|
| 1 | 万用表 | 直流电压：1000V 直流电流：10A<br>交流电压：1000V 交流电流：10A 直流电阻：500MΩ | 块 | 1 | （1）常用工具金属裸露部分应采取绝缘措施，并经检查合格。螺丝刀除刀口以外的金属裸露部分应用绝缘包裹措施，并经检查合格。<br>（2）仪器仪表、安全工器具应检验合格，并在有效期内。<br>（3）其他：根据现场需求配置 |
| 2 | 钳型电流表 | 交直流电流：600A，分辨率：0.1A<br>交直流电压：600V，分辨率：0.1V | 块 | 1 | |
| 3 | 红外手持测温枪/测温仪 | | 台 | 1 | |
| 4 | 移动式照明设备 | | 组 | 1 | |
| 5 | 电工工具包/箱 | 多功能工具包/箱 | 个 | 1 | |
| 6 | 手电筒 | led 手电，防爆 | 个 | 1 | |
| 7 | 梯子 | 铝合金加厚伸缩绝缘，人字工程梯 | 架 | 1 | |

续表

| 序号 | 名称 | 型号及规格 | 单位 | 数量 | 安全要求 |
|---|---|---|---|---|---|
| 8 | 绝缘电阻测试仪 | 500～1000V | 个 | 1 | |
| 9 | 低压验电器 | 0.4kV | 支 | 1 | |
| 10 | 高压验电器 | 10kV | 支 | 1 | |
| 11 | 个人保安线 | 16mm² | 个 | 2 | |

#### 6.2.4.4 危险点分析及预防控制措施

危险点分析与预防控制措施见表6-4。

表6-4 危险点分析及预防控制措施

| 序号 | 防范类型 | 危险点 | 预防控制措施 |
|---|---|---|---|
| 1 | 人身触电 | 桩体带电等引起触电伤害 | 使用试电笔检查充电桩外部是否带电，并佩戴好绝缘手套 |
| 2 | 外力伤害 | 桩体及附属设施刮碰撞击引起人身伤害 | 穿戴安全帽等安全防护用品和劳动保护用具 |
| 3 | 交通事故 | 驾驶过程中发生碰撞引起人身伤害、车辆损坏 | 驾车前检查车辆状况，包括制动、轮胎等；严格遵守交通规则，注意驾驶路程中行车安全，注意作业现场车辆来往情况 |
| 4 | 恶劣天气 | 暴雨、暴雪、飓风、雷电等引起人身伤害 | 应在优先保证自身安全前提下，开展充电操作。充电过程如遇恶劣天气应及时终止充电 |

#### 6.2.4.5 工作程序与作业规范

根据作业全过程，以最佳的步骤和顺序，将任务接收到资料归档的全过程的流程用流程图形式表达，充电站现场巡视标准化作业指导流程图见图6-1所示。

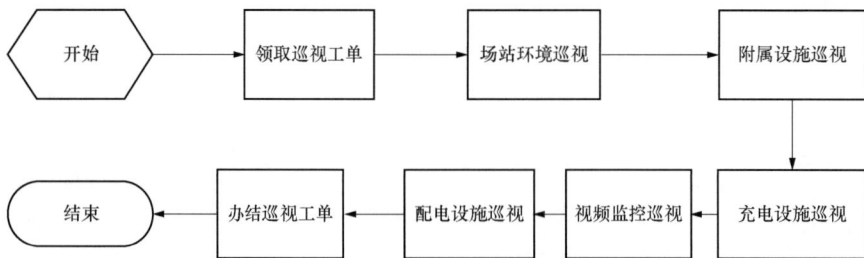

图6-1 充电站现场巡视标准化作业指导流程图

按照工作流程图，明确每一项的具体内容和要求，巡视作业工作程序与作业规范见附录1。报告和记录见表6-5。充电站巡视记录表见附录2。

表 6-5                                                                                报告和记录

<table>
<tr><td colspan="5" align="center">巡视记录 20××年××月××日</td></tr>
<tr><th>巡视时间</th><th>巡视站点</th><th>巡视工作内容</th><th>巡视问题</th><th>巡视人员</th></tr>
<tr><td></td><td></td><td></td><td></td><td></td></tr>
<tr><td></td><td></td><td></td><td></td><td></td></tr>
<tr><td></td><td></td><td></td><td></td><td></td></tr>
<tr><td></td><td></td><td></td><td></td><td></td></tr>
<tr><td></td><td></td><td></td><td></td><td></td></tr>
</table>

### 6.2.5  巡视工作现场案例

图 6-2～图 6-18 为巡视工作过程现场中遇到的案例。

图 6-2  计费模型错误

图 6-3  充电车位被油车占用

图 6-4  充电车位地面开裂

117

图 6-5　充电桩急停按钮无保护盖

图 6-6　设备柜门及整流柜门未关闭

图 6-7　充电站环境卫生差

图 6-8　照明灯损坏

图 6-9　消防器材缺失、过期

图 6-10　充电线缆连接处松动、脱落

图 6-11　设备内部清理不到位

图 6-12　标示柱、灯箱损坏

图 6-13　现场充电桩价格与公告价格不一致

图 6-14　充电桩设备松动

图 6-15　充电站实际位置与 App 位置不符

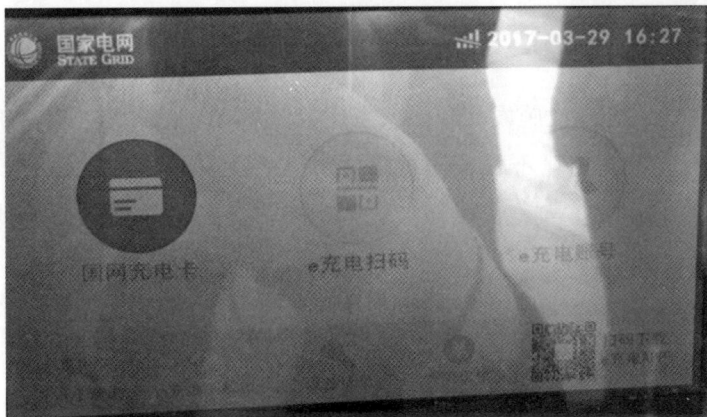

图 6-16　充电桩离线

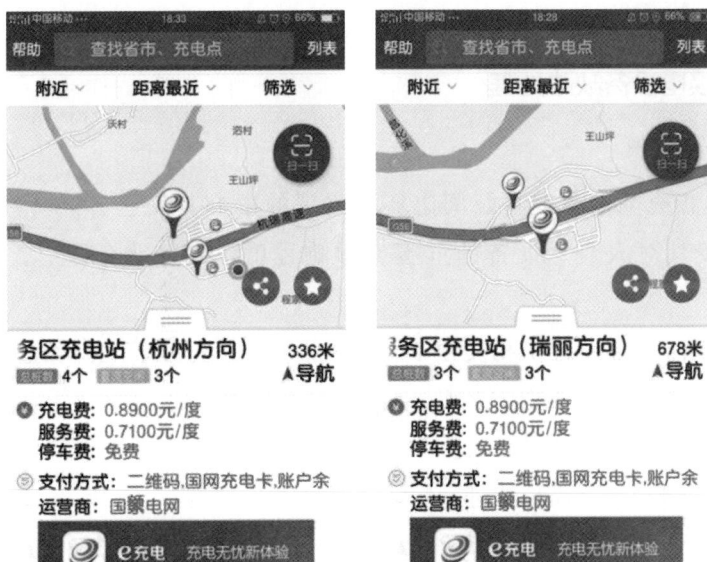

图 6-17　站名标反

图 6-18　资产码和站不对应

# 6.3 充换电设备检修

充电设施检修指在充电设施发现缺陷或发生故障后开展的处理工作。充电设备故障抢修工作应严格执行有关规定，不发生违章指挥、违章操作等行为，保证人身和设备安全。现场抢修工作要防止故障扩大、快速恢复为导向，做好抢修进度、抢修质量、抢修安全管理。

检修的分类包括计划检修与故障抢修。

计划检修：对所有充电站点进行周期性检修

故障抢修：对由95598故障报修工单派发、车联网平台告警派发和巡视管理等触发的抢修工单及时维修的过程。

充电设备检修均需在车联网平台履行停复运手续。充电设施检修后经验收合格方可恢复运行。

## 6.3.1 充换电设备缺陷处理

### 6.3.1.1 一般要求

设备缺陷是指充电设备本身及周边环境出现的影响其安全、经济和优质运行的情况。设备缺陷按其对人身、设备的危害或影响程度，划分为危急、严重和一般三个等级。

（1）危急缺陷：设备或建筑物发生了直接威胁安全运行并需立即处理的缺陷，否则随时可能造成设备损坏、人身伤亡、火灾、重大舆情等事故；

（2）严重缺陷：对人身或设备有重要威胁，可能发展为事故，但设备仍可在一定时间内继续运行，须加强监视并需尽快进行检修处理的缺陷；

（3）一般缺陷：设备本身及周围环境出现不正常情况，一般不威胁设备的安全运行，可列入检修计划或日常维护工作中处理的缺陷。

### 6.3.1.2 缺陷处理方法

（1）缺陷发现后，应进行分类分级，并开展消缺工作。

（2）危急缺陷消除时间不得超过24h，严重缺陷应在30天内消除，一般缺陷应在6个月内结合检修计划或日常巡视、维护工作予以消除，但应处于可控状态。

（3）缺陷处理过程应实行闭环管理，主要流程包括：运行发现－上报管理部门－安排检修计划－检修消缺－运维验收。

（4）设备带缺陷运行期间，运维单位应加强监视，必要时制定相应应急措施。

（5）定期开展缺陷的统计、分析和报送工作，及时掌握缺陷的产生原因和消除情况，有针对性制定应对措施。

### 6.3.2 检修决策与工作流程

#### 6.3.2.1 检修决策一般要求

（1）计划检修由地市公司设施管理员在充电设施建成后 2 日内制定年度检修计划，每个站点计划检修每年不少于 1 次，检修宜按全年计划分批次检修，不宜集中检修，不宜大范围检修。

（2）现场检修工作应严格按照国网相关安全规程和操作步骤来进行检修。所有的带电设备需停电检修，达到预试周期的高压设备应由相应等级的试验单位来进行试验，地市公司应积极协调生产厂家到达现场配合完成检修工作。检修工作应备有应急处理预案。

（3）如果在检修过程中发现重大安全隐患，应立即上报主管部门，并做好检修记录，检修工作在规定日期内无法完成的应继续申请站点停运，直至故障隐患消除。

#### 6.3.2.2 计划检修管理具体流程

（1）地市公司充电设施管理员在车联网平台设定检修项目，制定检修计划。

（2）检修员应在规定日期内接单，应首先申请充电站点停运，并在规定日期内完成计划检修。

（3）检修员到达现场后，首先使用巡检 App 完成"打点"，对站内充电设备、供配电设备等按作业指导书进行检修，每个桩检查前应用巡检 App 扫描资产码。

（4）检修任务完毕后，检修员录入检修记录，提交检修任务。

#### 6.3.2.3 抢修管理流程

（1）平台值班员收到 95598 故障报修工单后，通过车联网平台对抢修工单进行派发。

（2）地市公司设施综合管理员通过车联网平台接收并派发抢修工单派发至检修员。车联网平台对未能及时发现故障告警的充电桩自动进行抢修工单派发。

（3）巡视员在巡视任务中发现故障时派发抢修工单。

（4）检修员受理抢修工单，到达现场进行故障处理。

（5）对于无法及时处理的故障，检修员应申请充电桩停运，进行故障检修工作。

（6）故障处理完毕或提交停运申请后，检修员提交抢修工单。

（7）平台值班员对故障处理情况进行确认，或对停运申请进行审批，办结抢修工单。

充电设施检修员执行检修工单前，应首先申请充电站点停运，停运申请流程办理完结后，方可开始检修工作。计划检修、故障抢修申请停运时间一般不超过 5 个工作日，如需要延期，应重新填写停运申请单，并履行停运申请流程。

### 6.3.3 检修人员的基本要求

（1）作业人员必须持证上岗（电工本等），安规考试合格，熟悉现场安全作业要求，并经考试合格。

（2）具备必要的低压电理论知识和技能，能正确操作使用工具，了解充电桩有关技术标准要求，能正确分析充电桩情况，熟悉现场作业流程。

（3）身体状况、精神状态良好，满足工作的要求。

（4）穿戴好工作服、绝缘手套等防护用具。

### 6.3.4　检修人员设置

从检修的安全角度考虑，建议每个检修组执行现场作业时至少配置3人，一人负责进行故障检修，另一人从旁协助，第三人负责现场的安全监护工作。

### 6.3.5　检修工作中的注意事项

常见的故障类别分为两类。分别是现场检修人员能够完成处理的故障和需厂家处理的故障。

现场检修人员能够完成处理以下故障：在备品备件充足的条件下，检修人员可更换TCU，更换ESAM芯片，更换屏幕，更换枪头、枪线，更换直流接触器，重新接线等。

### 6.3.6　检修工作的指标设定

检修工作的指标包括设备在线率/离线率、设备稳定运行率、设备故障停运时间、累计故障（工单）发生数量等。

1．设备在线率

$$（\Sigma 设备在线 h 数 \div 自然 h 数 \div 接入充电桩数）\times 100\%$$

2．设备稳定运行率

$$1-（\Sigma 设备故障停运 h 数 \div 自然 h 数 \div 接入充电桩数）\times 100\%$$

3．设备故障停运时间

设备因故障无法服务而停运的时长

4．累计故障（工单）发生数量

一定时间内单台设备累计发生故障、离线的次数

### 6.3.7　充电站故障抢修标准化作业

#### 6.3.7.1　准备工作安排

按主要营销现场作业类型与风险等级对应关系，充电站现场巡视，风险等级为一级，宜采用现场作业安全控制卡。根据工作安排合理开展准备工作，内容见表6-6充电。

表6-6　　　　　　　　　　　准备工作安排

| 序号 | 项目 | 内容 | 备注 |
|---|---|---|---|
| 1 | 了解现场气象条件 | 了解检测现场气象条件，判断是否符合安规对现场作业的要求 | |
| 2 | 检查抢修车辆状况 | 重点检查车辆轮胎气压、雨刷功能、车灯照明等，确保车况良好 | |
| 3 | 抢修工器具准备 | 按照作业指导书要求，准备抢修所需材料、备品备件及工器具等 | |
| 4 | 安全风险点辨识 | 分析抢修现场安全风险点，制定安全管控措施，填写安全控制卡 | |

### 6.3.7.2 材料和备品、备件、工器具和仪器仪表

根据作业项目，确定所需的设备与材料和备品、备件，详见表 6-7。故障抢修所需作业工器具与仪器仪表详见附录 3。

表 6-7 材料和备品、备件

| 序号 | 名称 | 型号及规格 | 单位 | 数量 | 备注 |
|---|---|---|---|---|---|
| 1 | 绝缘手套 | | 台 | 1 | 需安装 e 巡检 App |
| 2 | 绝缘鞋（靴） | | 副 | 2 | |
| 3 | 护目镜 | | 副 | 2 | |
| 4 | 普通安全帽 | | 双 | 2 | |
| 5 | 绝缘挡板 | | 副 | 2 | |
| 6 | 安全带 | | 顶 | 2 | |
| 7 | 安全警示带（牌） | | 个 | 根据作业需要 | |
| 8 | 安全围栏 | | 个 | 根据作业需要 | |
| 9 | 备品备件 | | 个 | 根据作业需要 | |
| 10 | 充电卡 | | 个 | 根据作业需要 | |
| 11 | 充电桩前后门钥匙 | | 张 | 2 | |
| 12 | 低压作业防护手套 | | 套 | 根据作业需要 | |

### 6.3.7.3 危险点分析及预防控制措施

危险点与预防控制措施见表 6-8。

表 6-8 危险点分析及预防控制措施

| 序号 | 防范类型 | 危险点 | 预防控制措施 |
|---|---|---|---|
| 1 | 人身触电 | 桩体带电等引起触电伤害 | 使用试电笔检查充电桩外部是否带电，并佩戴好绝缘手套 |
| 2 | 外力伤害 | 桩体及附属设施刮碰撞击引起人身伤害 | 穿戴安全帽等安全防护用品和劳动保护用具 |
| 3 | 交通事故 | 驾驶过程中发生碰撞引起人身伤害、车辆损坏 | 驾车前检查车辆状况，包括制动、轮胎等；严格遵守交通规则，注意驾驶路程中行车安全，注意作业现场车辆来往情况 |
| 4 | 恶劣天气 | 暴雨、暴雪、飓风、雷电等引起人身伤害 | 应在优先保证自身安全前提下，开展充电操作。充电过程如遇恶劣天气应及时终止充电 |

#### 6.3.7.4 工作程序与作业规范

根据作业全过程，以最佳的步骤和顺序，将任务接收到资料归档的全过程的流程用流程图形式表达，充电站故障抢修标准化作业指导流程图。如图 6-19 所示。

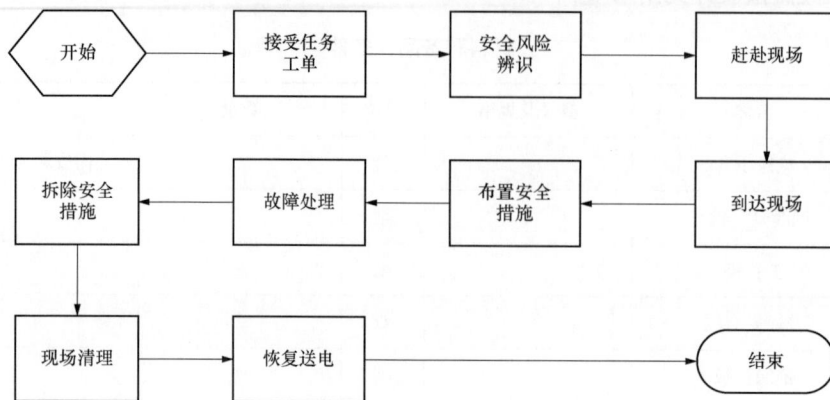

图 6-19 充电站故障抢修标准化作业指导流程图

按照工作流程图，明确每一项的具体内容和要求，故障抢修工作程序与作业规范详见附录 4。报告和记录见表 6-9。故障抢修现场作业安全控制卡详见附录 5。

表 6-9 报告和记录

| 抢修记录 20××年××月××日 | | | | |
|---|---|---|---|---|
| 报修时间 | 报修站点 | 抢修工作内容 | 抢修人员 | 工单终结时间 |
| | | | | |
| | | | | |
| | | | | |
| | | | | |
| | | | | |
| | | | | |

### 6.3.8 充电站周期性检测标准化作业

#### 6.3.8.1 准备工作安排

按主要营销现场作业类型与风险等级对应关系，充电站周期性检测，风险等级为一级。根据工作安排合理开展准备工作，内容见表 6-10。

表 6-10 准备工作安排

| 序号 | 项目 | 内容 | 备注 |
|---|---|---|---|
| 1 | 成立检测工作组 | 成立检测工作组，明确工作组人员分工和时间安排 | |
| 2 | 组织检测人员学习作业指导书 | 明确检测依据、检测项目和检测要求，理解检测任务及操作过程中的危险点及控制措施 | |
| 3 | 进行安全技术交底 | 进行安全技术交底，明确本次工作的作业内容、进度要求、作业标准及安全注意事项 | |
| 4 | 检测工器具准备 | 按照作业指导书要求，准备检测所需仪器仪表及工器具 | |
| 5 | 了解现场气象条件 | 了解检测现场气象条件，判断是否符合安规对现场作业的要求 | |
| 6 | 办理检测入场手续 | 按照管理要求，办理检测入场手续 | |

### 6.3.8.2 材料和备品、备件、工器具和仪器仪表

根据检测作业项目，确定所需的设备与材料和备品、备件，见表 6-11。周期性检测所需工器具与仪器仪表详见附录 6。

表 6-11 材料和备品、备件

| 序号 | 名称 | 型号及规格 | 单位 | 数量 | 备注 |
|---|---|---|---|---|---|
| 1 | 绝缘手套 | 1000V | 副 | 2 | |
| 2 | 绝缘鞋（靴） | 1000V | 双 | 2 | |
| 3 | 护目镜 | | 副 | 2 | |
| 4 | 普通安全帽 | | 顶 | 2 | |
| 5 | 反光背心 | | 套 | 2 | |
| 6 | 测试连接线 | | 根 | 根据作业需求 | |
| 7 | 绝缘胶带 | | 卷 | 根据作业需求 | |
| 8 | 安全警示带（牌） | | 个 | 根据作业需求 | |
| 9 | 安全围栏 | | 套 | 1 | |
| 10 | 低压作业防护手套 | | 副 | 根据作业需求 | |

### 6.3.8.3 危险点分析及预防控制措施

危险点与预防控制措施，见表 6-12。

表 6-12 危险点分析及预防控制措施

| 序号 | 防范类型 | 危险点 | 预防控制措施 |
|---|---|---|---|
| 1 | 人身伤害或触电 | 作业方式不当触电 | （1）带电作业时，工作人员应穿绝缘鞋和全棉长袖工作服，并戴手套、安全帽和护目镜，站在干燥的绝缘物上进行。<br>（2）作业人员触碰设备外壳前应使用验电器进行外壳带电检测。<br>（3）需停电作业时，应断开故障充电设备上级电源开关，并在开关处悬挂"有人工作禁止合闸"标识 |
| 2 | 车辆碰撞伤害 | 防护措施不当造成碰撞伤害 | （1）作业人员到达现场后，应及时穿戴反光背心。<br>（2）作业人员在现场工作前，在检测作业区域使用隔离护栏围出工作区域并悬挂"设备检修严禁入内"标示牌 |

#### 6.3.8.4 工作程序与作业规范

根据作业全过程，以最佳的步骤和顺序，将任务接收到资料归档的全过程的流程用流程图形式表达，充电设备周期检测流程图如图 6-20 所示。

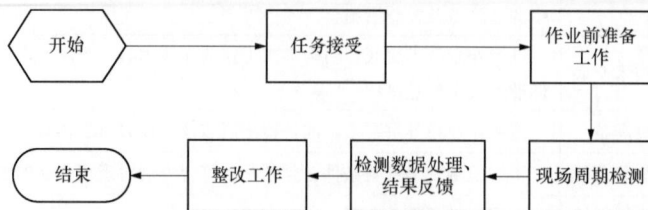

图 6-20 充电设备周期检测流程图

交流充电桩每年检测一次，直流充电桩（直流充电桩）每年检测 2 次，充电站接地电阻宜每年进行 2 次周期检测。按照工作流程图，明确每一项的具体内容和要求，周期性检测作业程序与作业规范详见附录 7。报告和记录见表 6-13。

表 6-13 报告和记录

| 序号 | 编号 | 名称 | 填写部门 | 保存地点 | 保存期限 |
|---|---|---|---|---|---|
| 1 | Q/GDW/ZY××××—20××.JL×× | 充电站接地电阻原始记录表 | 班组 | 班组 | 不少于 3 年 |
| 2 | Q/GDW/ZY××××—20××.JL×× | 直流充电桩检测原始记录表 | 班组 | 班组 | 不少于 3 年 |
| 3 | Q/GDW/ZY××××—20××.JL×× | 交流充电桩检测原始记录表 | 班组 | 班组 | 不少于 3 年 |
| 4 | Q/GDW/ZY××××—20××.JL×× | 整改通知函 | 班组 | 班组 | 不少于 3 年 |
| 5 | Q/GDW/ZY××××—20××.JL×× | 检测报告 | 班组 | 班组 | 不少于 3 年 |
| 6 | Q/GDW/ZY××××—20××.JL×× | 整改通知书回复函 | 整改单位 | 班组 | 不少于 3 年 |

直流充电桩检测项目内容见附录 8。

交流充电桩检测项目内容见附录 9。

充电站接地电阻原始记录表见附录 10。

直流充电桩检测原始记录表见附录 11。

交流充电桩检测原始记录表见附录 12。

整改通知函见附录 13。

充电设备周期检测不符合项目结果通知单见附录 14。

整改通知回复函见附录 15。

### 6.3.9 充电站周期性检测作业关键风险点

充电站周期性检测作业关键风险点如图 6-21 所示。

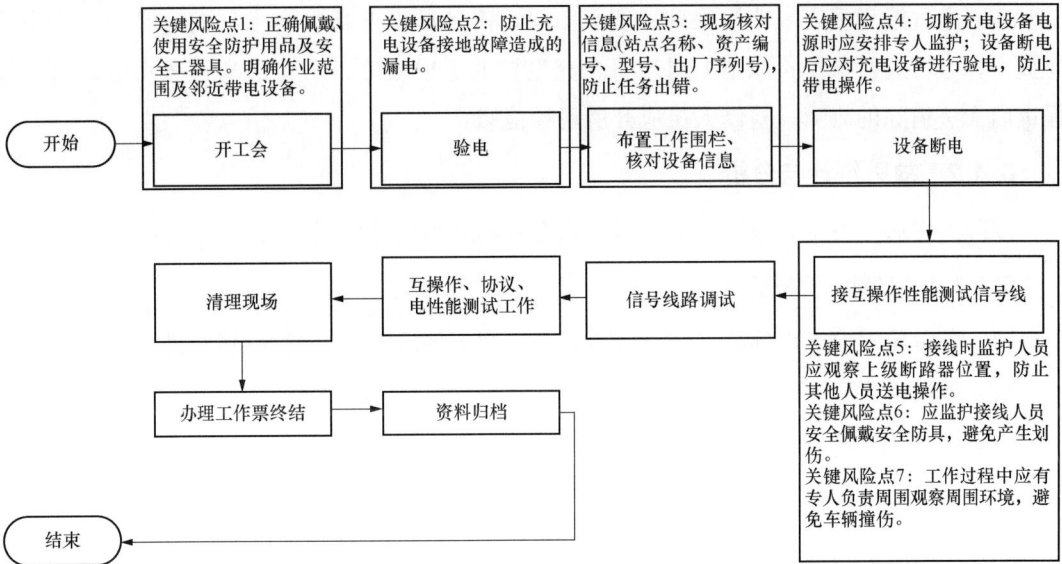

关键风险点1：正确佩戴、使用安全防护用品及安全工器具。明确作业范围及邻近带电设备。

关键风险点2：防止充电设备接地故障造成的漏电。

关键风险点3：现场核对信息（站点名称、资产编号、型号、出厂序列号），防止任务出错。

关键风险点4：切断充电设备电源时应安排专人监护；设备断电后应对充电设备进行验电，防止带电操作。

开始 → 开工会 → 验电 → 布置工作围栏、核对设备信息 → 设备断电

清理现场 ← 互操作、协议、电性能测试工作 ← 信号线路调试 ← 接互操作性能测试信号线

关键风险点5：接线时监护人员应观察上级断路器位置，防止其他人员送电操作。

关键风险点6：应监护接线人员安全佩戴安全防具，避免产生划伤。

关键风险点7：工作过程中应有专人负责周围观察周围环境，避免车辆撞伤。

办理工作票终结 → 资料归档

结束

图 6-21 充电站周期性检测作业关键风险点

# 6.4 充换电设施故障处理

## 6.4.1 故障处理一般要求

（1）故障处理应遵循保人身、保设备的原则，尽快查明故障地点和原因，消除故障根源，防止故障扩大，及时恢复设备正常运行。故障报修等级和处理时限，按照国家电网公司相关要求执行。

（2）故障处理前，应采取措施防止行人接近故障设备，避免发生人身伤亡事故。

（3）故障发生后，运维人员和抢修人员应及时赶赴现场，共同开展前期故障巡视工作。

（4）故障处理时，每组检修人员应不少于两人，一人开展作业，一人负责安全监护；对于涉及高压设备操作检修、登高等风险等级高的作业，宜不少于三人，一人负责作业，一人协助，一人负责安全监护；严禁单人作业。

（5）从事充电设施检修的检修人员需满足以下基本要求：检修人员须经安规考试合格后持证上岗，具备相应电工资质；了解现场安全作业要求，熟悉相关设施运行情况，掌握主要设备工作原理、性能、使用说明、检修检测方法、作业指导书等；具备必要的高、低压电气理论知识和技能，能正确操作设备，熟悉现场作业流程。

（6）各单位应按标准化作业指导书开展检修工作。

（7）在委托设备厂家、土建电气施工等外协单位开展充电设施检修时，检修人员应按照公司安全相关要求做好现场作业管理工作。严禁在没有检修人员监护的情况下，由厂家人员单独开展现场检修工作。

（8）通过远程重启等功能处理一般故障时，需满足以下基本要求：在确保现场安全的前提下，方可进行操作；原则上对于每台充电桩的每项故障，不可多次远程重启；通过远程重启无法消除的故障，检修人员应开展现场检修。

### 6.4.2 故障统计与分析

故障发生后，各单位应及时从责任、技术方面分析故障原因，制订防范措施。

#### 6.4.2.1 故障分析深度

（1）各单位对充电设施故障进行分析，并按要求将故障分析报告报公司相关部门；

（2）故障分析应明确故障发生技术原因、管理责任及人员责任。

#### 6.4.2.2 故障分析报告

（1）故障情况，包括故障发生及修复过程、备品备件更换情况等；

（2）故障基本信息，包括设备名称、投运时间、制造厂家、规格型号、施工单位等；

（3）原因分析，包括故障部位、故障性质、故障原因等；

（4）故障暴露出的问题，采取的应对措施等。

### 6.4.3 运行分析

#### 6.4.3.1 一般要求

（1）根据充电设施管理工作、运行情况、巡视结果、日常检修等信息，对充电设施的运行情况进行分析、归纳、提炼和总结，并根据分析结果制定解决措施，提高运行管理水平。

（2）各单元应根据运行分析结果，对充电设施网络建设、检修和运行等提出建设性意见，并结合本单位实际制定应对措施，必要时应将意见和建议向上级反馈。

（3）各级运维单位宜每月开展充电设施运行分析。

#### 6.4.3.2 运行分析内容

运行分析内容应包括但不限于：运行管理、充电设施整体概况及运行指标、巡视维护、缺陷分析、故障处理、客户诉求分析等。

（1）运行管理分析，应对管理制度是否落实到位、管理是否存在薄弱环节、管理方式是否合理等问题进行分析。

（2）充电设施整体概况及运行指标分析，应对当前充电设施基础数据和主要指标进行分析。

（3）巡视维护分析，应对充电设施巡视维护工作进行分析，包括计划执行情况、发现处理的问题等。

（4）缺陷分析，应对缺陷管理存在的问题和已发现缺陷的处理情况进行统计和分析，及时掌握缺陷的处理情况和产生原因。

（5）故障处理分析，应从责任原因、技术原因两个角度对故障及处理情况进行汇总和分析，并根据分析结果，制定相应措施。

（6）客户诉求分析，应高度重视客户需求的手机和分析，通过满足客户需求不断提升服务质量。

### 6.4.3.3　资料管理

运维资料管理是运行分析的基础，各单位应积极应用各类信息化手段，确保资料的及时性、准确性、完整性、唯一性，减轻维护工作量。

（1）运维资料主要分为投运前信息、运行信息、检修信息等。运维检修管理部门应逐步统一各类资料的格式与管理流程，实现规范化与标准化。除档案管理有特别要求外，各类资料的保存力求无纸化。

（2）投运前信息主要包括设备出厂、交接、预试记录、设计资料图纸、变更设计的正面文件和竣工图、竣工验收记录和设备技术资料、隐蔽工程记录、到货检测试验报告等，以及由此整理形成的一次接线图、设备参数台账等。设备技术类资料，应保存厂房提供的原始文本。

（3）运行信息主要是在开展运行管理、巡视维护、试验、缺陷处理、故障处理等工作中形成的记录性资料，主要包括运维工作日志、巡视记录、测温记录、接地电阻测量记录、缺陷处理记录、故障处理记录、外力破坏防护记录，运行分析记录，检修记录等。

（4）故障抢修后，要及时维护图纸资料和电子资料。

## 6.4.4　设备退役

### 6.4.4.1　一般要求

各单位应根据生产计划及设备故障情况提出设备退役申请；退役设备应进行技术鉴定，出具技术鉴定报告，明确退役设备处置方式；退役设备处置方式包括再利用和报废；再利用设备主要包括配电变压器、电缆、充电模块、充电连接装置，以及其他再利用价值较高的设备等，对于再利用成本高、拆装中易损伤设备主要以报废为主；确定退役的设备应及时从现场清除，避免遗留可能引发人身伤害及其他问题，如因特殊原因暂不能拆除的设备，由工程组织单位提供书面说明材料，明确退役设备的运维方案。

### 6.4.4.2　充电模块、 充电连接装置等元器件处置

负荷下列条件之一的应以报废方式处置，否则可以再利用。

（1）腐蚀或变形严重，影响机械、电气性能；

（2）因型号不同导致兼容性差；

（3）因涉及原因存在严重缺陷，无法修复或修复成本过大。

再利用的充电模块、充电连接装置等元器件，可应用于对运行可靠性要求不高、利用率较低的站点。

### 6.4.4.3  配电变压器处置

符合下列条件之一的应以报废方式处置，否则可以再利用。

（1）高损耗、高噪声；

（2）抗短路能力不足；

（3）存在家族性缺陷不满足反措要求；

（4）本体存在缺陷，发生严重故障、绝缘老化严重等，无零配件供应，无法修复或修复成本过大。

### 6.4.4.4  电缆设备处置

符合下列条件之一的应以报废方式处置，否则可以再利用。

（1）经试验证明绝缘老化；

（2）电缆耐压、局部检测、绝缘电阻等试验不合格；

（3）电缆铜屏蔽和钢铠严重锈蚀。

直埋敷设的电缆，由运维单位出具说明，可不拆除。非直埋敷设的电缆，应进行保护性拆除。拆除后应将电缆盘上的电缆轴，电缆端头应用防水热缩帽密封，并放置于电缆轴外侧，电缆接头应拆除。

## 6.4.5  直流充电桩故障检查与排除

直流充电桩缺陷等级分类详见附录 17。交流充电桩缺陷等级分类详见附录 18。现场服务记录表详见附录 19。直流充电桩故障处理方案详见附录 20。交流充电桩故障处理方案详见附录 21。

直流桩常见故障及处理方法如下所示：

（1）故障现象：液晶屏显示"故障代码：1"，如图 6-22 所示。

处理方法：对于原因"1"，检查 TCU 上 CAN 总线接线是否压接牢固，具体如图 6-23 所示。

图 6-22  TCU 与充电控制器通信故障

图 6-23  检查 TCU 上 CAN 总线接线是否压按牢固

（2）读卡器通信故障。

故障现象：液晶屏显示"故障代码：2"，如图 6-24 所示。

常见原因：

①TCU 与读卡器接线松动。

②读卡器损坏。

③TCU 程序运行出错。

处理方法：重启 TCU；检查读卡器接线，确认读卡器接线牢固，注意检查读卡器通信线的屏蔽是否做到位如图 6-25 所示；更换读卡器。

图 6-24 液晶屏显示"故障代码：2"

图 6-25 检查读卡器接线

（3）电表通信故障。

故障现象：液晶屏显示"故障代码：3"，如图 6-26 所示。

常见原因：TCU 与电表接线松动，或者接反，如图 6-27 所示。

处理方法：检测 TCU 与电表接线。

图 6-26 故障代码 3

图 6-27 电表通信故障

（4）ESAM 故障。

故障现象：液晶屏显示"故障代码：4"，如图 6-28 所示。

常见原因：芯片损坏，如图 6-29 所示。

处理方法：需联系厂家更换 ESAM 芯片。

图 6-28　故障代码 4

图 6-29　芯片损坏

（5）BMS 通信异常。

故障现象：液晶屏显示"故障代码：10"，如图 6-30 所示。

常见原因：电动汽车 BMS 系统故障；车辆未获取充电桩提供的辅助电源；充电连接线没有插好。处理方法：检查是否插好充电连接线缆；检查辅助电源是否有故障；检查充电桩与车辆的通信协议版本号是否一致，如图 6-31 所示。

（6）交易记录满。

故障现象：液晶屏显示"故障代码：5"，如图 6-32 所示。

常见原因：设备长期离线，数据没有上送后台导致本地数据累积太多超出设备闪存存储能力。

处理方法：检查设备离线原因，检查设备无线信号是否正常，与车联网后台取得联系，设备上线正常后将自动上送数据并删除已上送的数据。

备注：此现象很少发生，本身设备的闪存存储能力很大，另外设备也不会长期离线状态。

图 6-30　故障代码 10

图 6-31　辅助电源检查

（7）交易记录存储失败。

故障现象：液晶屏显示"故障代码：6"，如图 6-33 所示。

图 6-32 故障代码 5

图 6-33 故障代码 6

常见原因：设备闪存损坏，或者设备闪存数据已存满。

处理方法：检查设备是否在线状态；检测设备闪存是否损坏。

备注：此现象很少发生。

（8）急停按钮动作故障。

故障现象：液晶屏显示"故障代码：16"。

常见原因：充电桩正常情况下被认为按下急停按钮，且按钮按下后一直没有恢复，如图 6-34 所示。

处理方法：恢复急停按钮，向右旋转急停按钮然后松开，即可恢复急停按钮，如图 6-35 所示。

图 6-34 检查急停按钮

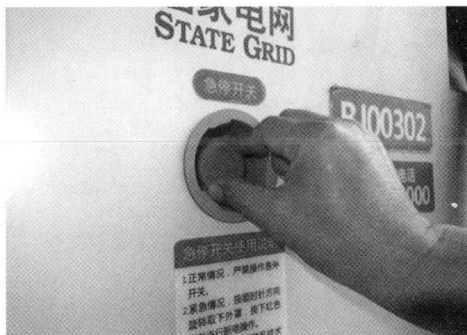

图 6-35 恢复急停按钮

（9）绝缘检测故障。

故障现象：液晶屏显示"故障代码：17"，如图 6-36 所示。

常见原因：充电机柜接地或者充电桩体接地；绝缘检测模块损坏。

处理方法：检查充电机柜体接地或者充电桩体接地；更换绝缘检测模块。

（10）避雷器故障。

故障现象：液晶屏显示"故障代码：19"，如图 6-37 所示。

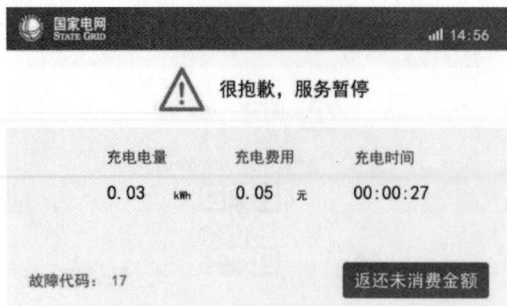

图 6-36 故障代码 17

图 6-37 故障代码 19

常见原因：接触器前端避雷器出现告警。

处理方法：检查避雷器安装接触触点，更换避雷器，如图 6-38 所示。

（11）充电枪未归位。

故障现象：液晶屏显示"故障代码：20"。

常见原因：充电枪没有放回充电枪插座或放回后充电枪头与插座处于半连接状态，没有完全连接，如图 6-39 所示。

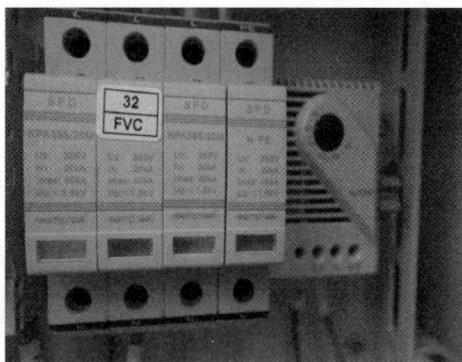

图 6-38 避雷器检查

图 6-39 充电枪未放回充电插座

处理方法：把充电枪放回充电插座并检查是否处于完全连接状态。

图 6-40 充电桩过温检查

（12）充电桩过温故障（见图 6-40）。

故障现象：液晶屏显示"故障代码：21"。

常见原因：设置温度过低；温度传感器故障；散热风扇没有启动，如图 6-41 所示。

处理方法：检查设置温度；检查温度传感器是否正常；检查散热风扇是否运转正常。

（13）充电模块故障。

故障现象：液晶屏显示"故障代码：25"，见图 6-42。

图 6-41　散热风扇检查

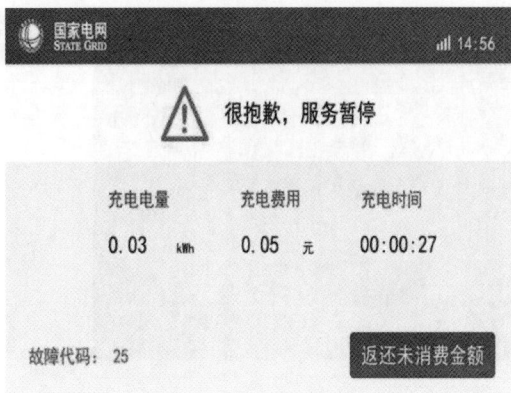

图 6-42　故障代码 25

常见原因：①模块通信线接触不良；②模块本身故障。

处理方法：检查模块通信线接线情况，如果是模块自身故障，更换模块，如图 6-43 所示。

备注：单模块故障时，故障模块可退出工作而不影响其他模块充电，不会报充电模块故障。如果在充电机未启动时就报故障代码 25，检查模块通信线接线情况。

（14）充电机风扇故障。

故障现象：液晶屏显示"故障代码：44"，如图 6-44 所示。

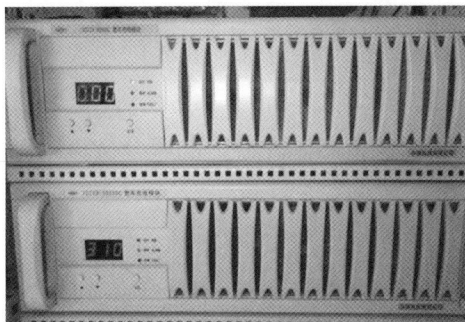

图 6-43　模块检查

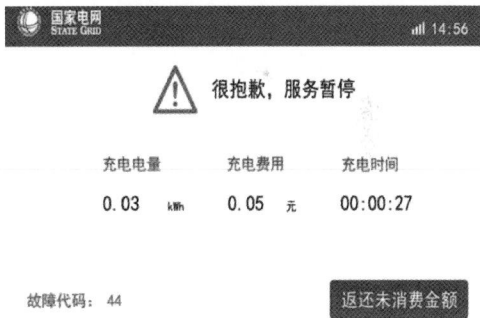

图 6-44　故障代码 44

常见原因：①开关损坏或开关接触不良；②风机损坏。

处理方法：①检查开关状态；②更换风机（需厂家处理），如图 6-45 所示。

（15）充电接口电子锁故障。

障现象：液晶屏显示"故障代码：43"，如图 6-46 所示。

常见原因：电子锁损坏；电子锁驱动信号及回采信号缺失或不正常。

处理方法：更换电子锁；检查电子锁驱动信号及回采信号，如图 6-47 所示。

（16）交流断路器故障。

故障现象：液晶屏显示"故障代码：39"，如图 6-48 所示。

图 6-45　更换风机

图 6-46　故障代码 43

图 6-47　电子锁检查

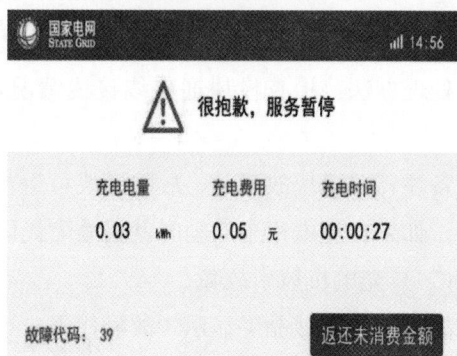

图 6-48　故障代码 39

常见原因：交流断路器跳闸，断路器损坏，过流或短路。

处理方法：检查断路器状态，如果是跳闸，确认下级设备状态正常后合交流断路器。如果断路器损坏，更换断路器，如图 6-49 所示。

（17）充电中控制导引告警。

故障现象：液晶屏显示"故障代码：38"，如图 6-50 所示。

图 6-49　断路器检查

图 6-50　故障代码 38

常见原因：充电过程中直接拔枪。

处理方法：规范充电行为，如图 6-51 所示。

（18）充电过程中充电电流小。

问题现象：充电桩充电电流小（充电 3min49s 后，电流为 1.8A），如图 6-52 所示。

图 6-51 规范充电行为

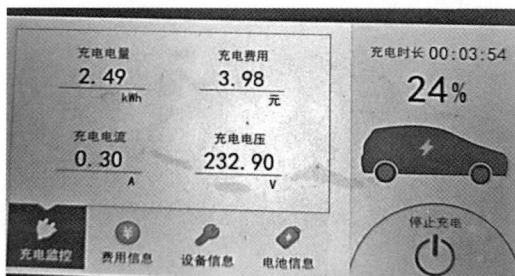

图 6-52 充电电流小

常见原因：充电模块故障；充电桩整机控制器参数调试时进行了设置，调试完成后没有恢复；车辆问题。

处理方法：检查充电模块是否故障，及时更换；与设备厂家沟通，调试完成后是否恢复出厂设置；与用户沟通，了解是否车辆的电池系统有异常。

备注：对于车辆问题导致的故障，车辆的单体电池温度过低、电池的电量都会影响到充电电流的大小。

（19）TCU 液晶屏花屏。

问题现象：TCU 液晶屏花屏，如图 6-53 所示。

常见原因：TCU 至液晶屏幕视频线松动；液晶屏幕损坏。

处理方法：紧固视频线；更换液晶屏幕。

（20）电动车 SOC 充电到 90% 左右跳枪，停止充电。

常见原因：车辆电池的单体电池电压过高。

处理方法：正常现象，无需处理，需要和用户沟通。

备注：在充电的过程中，当电池的电体电压过高时，电池管理系统出于电池的自我保护，将通知充电桩停止充电。充电桩街道停止充电的信息后，跳枪停止充电。

（21）充电桩离线，如图 6-54 所示。

问题现象：充电桩信号显示离线或未接入。

常见原因：充电设备通信异常。

处理方法：检查充电桩通信模块及 SIM 卡；更换充电桩通信模块及 SIM 卡。

图 6-53　液晶屏幕花屏

图 6-54　充电桩离线

（22）电表故障。

问题现象：充电正常，不显示充电电量和充电费用。

常见原因：电表故障，如图 6-55 所示。

处理方法：更换电表。

备注：电表在通信接口无故障的情况下，充电桩不报故障代码。

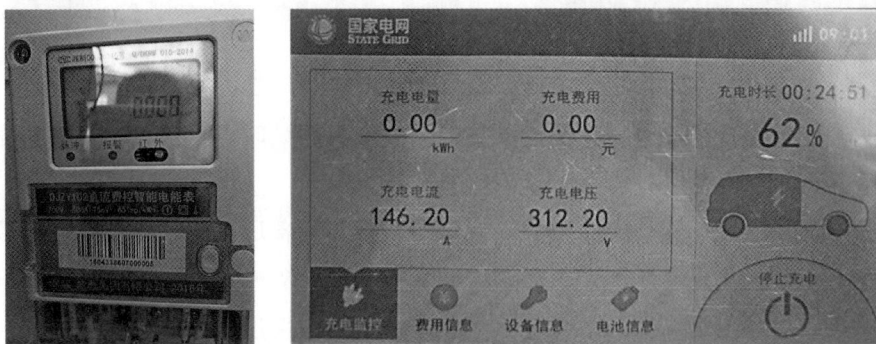

图 6-55　电表故障

（23）充电输出比正常情况小，如图 6-56 所示。

常见原因：部分充电模块故障。

处理方法：维修整流模块。

备注：部分模块故障时，可能不报故障代码。

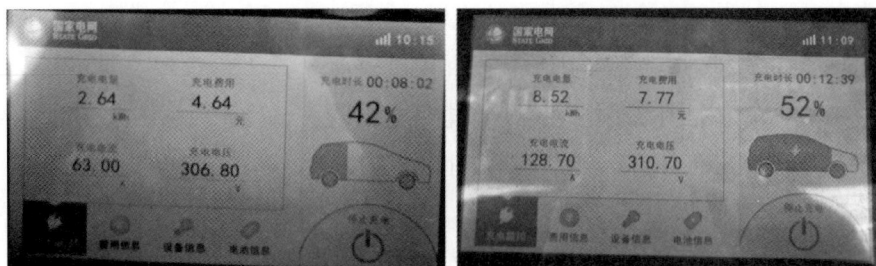

图 6-56　充电输出较小

### 6.4.6  交流充电桩常见故障与告警

（1）TCU 与充电控制器通信故障。

故障现象：液晶屏显示"故障代码：1"，如图 6-57 所示。处理方法同直流充电机。

（2）避雷器故障。

故障现象：液晶屏显示"故障代码：19"，如图 6-58 所示。

图 6-57  故障代码 1

图 6-58  故障代码 19

常见原因：接触器前端避雷器出现告警。

处理方法：检查避雷器安装接触触点，更换避雷器，如图 6-59 所示。

（3）过温故障。

故障现象：液晶屏显示"故障代码：21"，如图 6-60 所示。

图 6-59  更换避雷器

图 6-60  故障代码 21

常见原因：主回路铜排螺丝松动。

处理方法：检查主回路固定铜排螺丝。

（4）充电连接状态 CC 异常，如图 6-61 所示。

故障现象：液晶屏显示"故障代码：31"。

常见原因：没有连接确认信号，连接确认信号线 CC 松动或损坏。

处理方法：检查并修复连接确认信号线。

交流充电供电接口和车辆接口应符合 GB/T 20234.2—2015。

| 触头编号/标识 | 额定电压和额定电流 | 功能定义 |
|---|---|---|
| 1——(L1) | 250V 10A/16A/32A | 交流电源(单相) |
| | 440V 16A/32A/63A | 交流电源(三相) |
| 2——(L2) | 440V 16A/32A/63A | 交流电源(三相) |
| 3——(L3) | 440V 16A/32A/63A | 交流电源(三相) |
| 4——(N) | 250V 10A/16A/32A | 中线(单相) |
| | 440V 16A/32A/63A | 中线(三相) |
| 5——( ⏚ ) | — | 保护接地(PE)，连接供电设备地线和车辆电平台 |
| 6——(CC) | 0V~30V 2A | 充电连接确认 |
| 7——(CP) | 0V~30V 2A | 控制导引 |

图 6 - 61　充电连接状态 CC 异常

（5）TCU 其他故障，如图 6 - 62 所示。

故障现象：液晶屏显示"故障代码：34"。

常见原因：除通信故障、ESAM 故障、交易记录满等原因外其他原因引起的故障。

处理方法：确认设备状态没有问题后更换 TCU。

备注：因为目前充电桩设备厂家众多，也有可能其他原因导致 TCU 故障。

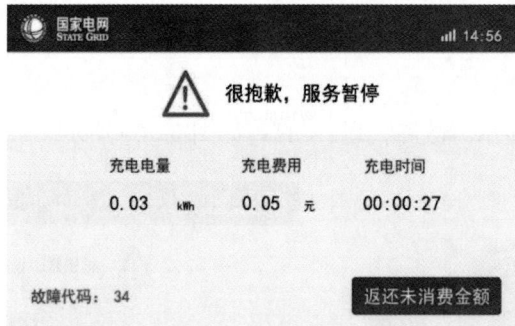

图 6 - 62　TCU 故障

# 附录1　巡视作业工作程序与作业规范

附表1 工作程序与作业规范

| 序号 | 工作阶段 | 工作内容 | 工作步骤及标准 | 主要危险点预防控制措施 | 记录 |
|---|---|---|---|---|---|
| 1 | 领取巡视工单 | 1.1 使用移动作业终端通过e巡检App领取巡视任务单 | | | |
| | | 1.2 根据巡视作业要求准备工器具，对工作车辆进行检查 | | 所有安全工器具均取得检验合格报告，检查车辆轮胎气压、照明及雨刷等功能均正常 | |
| | | 1.3 确认现场气象条件满足作业要求并赶赴现场 | | 及时关注重要天气预报，做好灾害性天气的应急预案 | |
| 2 | 场站环境巡视 | 2.1 查看充电站场地地面有无塌陷裂缝等缺陷 | 如有场站地面塌陷裂缝等情况，要详细记录，现场拍照并上报 | | |
| | | 2.2 查看场站地面是否整洁，有无杂物阻碍正常充电 | 查看场站地面是否整洁、充电区域是否有无杂草，充电桩是否有被杂草、树枝覆盖的情况。对场站地面卫生进行清洁，确保场站地面整洁。如站内存在充电区域及桩体被周围杂草树木覆盖的情况进行详细记录并拍照。如大型杂物阻挡充电车位无法处理的情况要记录，现场拍照片上报 | | |
| | | 2.3 查看雨雪天气，巡视充电区域是否有积水、结冰现象 | 如有充电区域积水结冰等情况，要详细记录，现场拍照并上报 | 及时清理积水及结冰路面，确保安全运行环境 | |
| | | 2.4 查看e充电App对应场站收费标准、开放时间、定位等是否正确 | 对于e充电App对外展示的充电站，要对停车场收费标准、开放时间、是否对外开放及地图定位进行核实，如有错误情况要详细记录并上报 | | |

续表

| 序号 | 工作阶段 | 工作内容 | 工作步骤及标准 | 主要危险点预防控制措施 | 记录 |
|---|---|---|---|---|---|
| 2 | 场站环境巡视 | 2.5 查看站内充电区域是否有油车占位 | 检查站内充电区域是否有油车占位，对非电动汽车贴温馨提示，如遇严重油车占位情况应详细记录，现场拍照并上报 | | |
| 3 | 附属设施巡视 | 3.1 逐个检查充电车位限位器是否完好 | 逐个检查充电车位限位器，发现破损、遗失或松动等现象详细记录，拍照并上报 | 注意观察充电来往车辆，防止车辆进入巡视区域造成人员与车辆误碰 | |
| | | 3.2 逐个检查防撞杆是否完好，有无晃动情况 | 逐个检查防撞杆，发现破损、遗失或晃动等现象详细记录，拍照并上报 | | |
| | | 3.3 逐个检查防雨棚（罩）是否完好，有无晃动情况 | 逐个检查防雨棚（罩），发现破损、遗失或晃动等现象详细记录，拍照并上报 | 符合高空作业条件的，严格按照高空作业安全规定执行 | |
| | | 3.4 逐个检查灯箱或照明设施是否完好 | 逐个检查灯箱及场站照明情况是否满足正常使用需要，发现问题记录上报 | | |
| | | 3.5 逐个检查充电站标志标识是否完好 | 检查充电站指示牌、价格公示牌等标志标识固定基础是否完好牢固，导引标识是否齐全、导引是否正确，发现问题详细记录，拍照并上报 | | |
| 4 | 充电设施巡视 | 4.1 使用巡检 App 逐个对充电桩进行扫码操作 | 根据实际情况逐个对充电设备完成每项巡视作业工作。使用移动作业终端通过 e 巡检 App 填写对应巡视任务单，对站内充电桩屏幕国网资产码二维码逐桩扫描 | | |
| | | 4.2 使用测电设备检查充电桩是否存在漏电现象 | 用试电笔检查充电桩外壳有无漏电现象，如有漏电现象对充电桩对应配电箱进行断电，并立即上报，设备张贴检修标识 | 工作人员应正确使用合格的个人安全防护用品。严禁在未采取任何监护措施和保护措施情况下现场作业 | |

| 序号 | 工作阶段 | 工作内容 | 工作步骤及标准 | 主要危险点预防控制措施 | 记录 |
|---|---|---|---|---|---|
| 4 | 充电设施巡视 | 4.3 检查充电桩是否有异味、异响、明火及安全隐患 | 检查充电桩是否有异味、异响、明火及安全隐患，如有上述现象对充电桩对应配电箱进行断电，并立即上报，设备张贴检修标识 | （1）充电站按照消防规定配置消防器材，做好消防设施安全检查，确保符合消防要求。<br>（2）工作人员应正确使用合格的个人安全防护用品。严禁在未采取任何监护措施和保护措施情况下现场作业 | |
| | | 4.4 检查急停按钮是否处于按下状态，护板是否完好 | 检查急停按钮是否处于按下状态，如有应对急停按钮进行复位，使充电桩恢复正常运行状态。<br>检查急停按钮防护板或防护贴纸是否完好，如有破损遗失现象及时进行修复，如暂无防护应及时进行上报 | | |
| | | 4.5 检查充电桩屏幕是否黑屏、提示充电桩故障，充电桩指示灯是否正常 | 检查充电桩屏幕是否存在黑屏，是否提示充电桩故障，检查充电桩指示灯是否正常，如有上述现象，应填写缺陷登记，按要求填写记录、拍照并上报 | | |
| | | 4.6 检查充电桩屏幕功能是否正常，有无破损、无反应或坏点等情况 | 检查充电桩屏幕功能是否正常，有无破损、无反应或坏点等情况，如有上述现象，应填写缺陷登记，按要求填写记录、拍照并上报 | | |
| | | 4.7 检查巡检 App 中监测功能充电桩监测信息与现场实际是否一致 | 使用移动作业终端通过 e 巡检 App 监测功能展示的充电桩数量、国网资产码、状态等信息，检查是否与现场实际一致，如不一致应及时记录、拍照并上报 | | |

续表

| 序号 | 工作阶段 | 工作内容 | 工作步骤及标准 | 主要危险点预防控制措施 | 记录 |
|---|---|---|---|---|---|
| 4 | 充电设施巡视 | 4.8 检查充电桩体表面有无破损、锈蚀情况 | 检查充电桩机柜是否存在外力损毁、锈蚀等现象，如有上述现象应详细记录、拍照并上报 | （1）施工工作人员应正确使用合格的安全帽、绝缘靴（鞋）、绝缘手套等个人安全防护用品。（2）对充电桩柜体接地检查并验电，防止设备外壳带电 | |
| | | 4.9 检查充电桩基座有无破损或坍塌，充电桩有无晃动 | 检查充电桩基座有无破损或坍塌，充电桩桩体固定是否牢固，如有上述现象应详细记录、拍照并上报 | | |
| | | 4.10 检查充电桩枪线是否完好，枪口内有无异物或积水 | 检查充电枪枪头是否完好，锁止机构是否有效，检查线缆绝缘层是否完好，如有破损、失效等现象，应填写缺陷登记，按要求填写记录、拍照并上报。检查充电枪枪头是否有异物或积水，线缆桩体侧接头有无松动或脱落，如有应对异物、积水进行清理，接头复位或补充 | 施工工作人员应正确使用合格的安全帽、绝缘靴（鞋）、绝缘手套等个人安全防护用品 | |
| | | 4.11 检查充电桩各类标志标识有无破损或缺失 | 检查充电桩体上操作手册、安全警告等各类标识是否为现行标识，标识是否有破损、遗失，如有破损遗失现象及时进行修复，如暂无标识应及时进行上报 | | |
| | | 4.12 检查充电桩柜门是否关闭 | 检查充电桩门锁是否完好且处于锁闭状态，如有破损等现象，应填写缺陷登记，按要求填写记录、拍照并上报，如怀疑被窃电，则查看充电站监控，检视可疑人员行为，并上报 | （1）施工工作人员应正确使用合格的安全帽、绝缘靴（鞋）、绝缘手套等个人安全防护用品。（2）对充电桩柜体接地检查并验电，防止设备外壳带电 | |
| | | 4.13 清洁充电桩表面 | 对充电桩桩体表面进行清洁灰尘工作，如发现违规广告，现场拍照、上报并及时清理 | | |

| 序号 | 工作阶段 | 工作内容 | 工作步骤及标准 | 主要危险点预防控制措施 | 记录 |
|---|---|---|---|---|---|
| 4 | 充电设施巡视 | 4.14检查进风口、出风口、防尘罩灰尘 | 对充电桩散热模块进、出风口，以及充电桩防尘罩灰尘覆盖程度进行评估，如灰尘量较多，现场拍照并上报 | | |
| | | 4.15检查充电桩程序版本是否正确 | 点击充电桩屏幕检查充电桩程序版本是否正确，如发现程序版本错误应填写缺陷登记，按要求填写记录、拍照并上报 | | |
| | | 4.16检查充电桩计费模型是否正确 | 点击充电桩屏幕检查充电桩计费模型是否正确，如发现错误应立即上报，现场等待后台计费模型下发并再次核实是否正确 | | |
| 5 | 视频监控巡视 | 5.1检查视频监控柜外观是否完好 | 检查视频监控机柜是否存在外力损毁、锈蚀等现象，如有上述现象应详细记录、拍照并上报 | | |
| | | 5.2检查视频监控系统是否正常运行 | 检查视频监控系统运行是否正常，显示时间是否正确，设备运行状态是否正常，如有上述问题应详细记录、拍照并上报 | | |
| | | 5.3检查视频监控角度是否可监控充电桩 | 检查视频监控角度的同时可监控充电桩，如有上述现象应详细记录、拍照并上报 | | |
| | | 5.4检查视频监控存储是否正常 | 检查视频监控存储是否正常，如有上述现象应详细记录、拍照并上报 | | |
| | | 5.5检查视频监控柜门是否关闭 | 检查视频监控柜门锁是否完好且处于锁闭状态，如有破损等现象，应填写缺陷登记，按要求填写记录、拍照并上报 | | |

| 序号 | 工作阶段 | 工作内容 | 工作步骤及标准 | 主要危险点预防控制措施 | 记录 |
|---|---|---|---|---|---|
| 6 | 配电设备巡视 | 6.1 检查配电柜外观是否完好 | 检查配电柜是否存在外力损毁、锈蚀等现象，如有上述现象应详细记录、拍照并上报 | | |
| | | 6.2 检查配电柜内连接构件、线缆是否正常 | 检查配电柜内连接构件、线缆是否正常，如有上述问题应详细记录、拍照并上报 | | |
| | | 6.3 检查配电柜内接地端子是否可靠接地 | 检查配电柜内接地端子是否可靠接地，如有上述问题应详细记录、拍照并上报 | | |
| | | 6.4 检查配电柜内开关是否正常 | 检查配电柜内开关是否正常，如有上述问题应详细记录、拍照并上报 | | |
| | | 6.5 检查配电柜门是否关闭 | 检查配电柜门锁是否完好且处于锁闭状态，如有破损等现象，应填写缺陷登记，按要求填写记录、拍照并上报 | | |
| 7 | 办结巡视工单 | 7.1 按照作业内容要求，逐项填写巡视记录，拍照要清晰，文字描述要详尽 | | | |
| | | 7.2 按照要求对现场发现的缺陷填报缺陷登记工单，对现场发现的问题及时进行上报 | | | |
| | | 7.3 办结巡视工单并撤离现场 | | | |

# 附录2　充电站巡视记录表

| 附表2 | 充电站巡视记录表 | | | |
|---|---|---|---|---|
| 站点名称 | | 巡查日期 | | |
| | | 巡查人员 | | |
| 巡查类型 | ○计划巡查□特殊巡查 | | | |
| 现场巡查人员填写 | | | | |
| 巡查项目 | | 检查项目 | 是否正常 | 检查结果 |
| 电气设备 | 充电桩体 | 屏幕显示、触屏是否正常 | □是○否 | |
| | | 通信状态是否正常 | □是○否 | |
| | | 计费模型是否正常 | □是○否 | |
| | | 充电枪有无损坏，有无锁枪 | □是□否 | |
| | | 指示灯有无损坏，状态是否正常 | □是○否 | |
| | | 读卡功能是否正常 | □是○否 | |
| | | 急停状态是否正常，附录有无丢失 | □是○否 | |
| | | 模块有无报警，有无缺失 | □是□否 | |
| | | 机柜、桩体各类开关、控制器状态是否正常 | □是○否 | |
| | | 避雷器状态是否正常，有无损坏 | □是○否 | |
| | | 内部线缆有无损伤，有无异味 | ○是□否 | |
| | | 充电体有无损伤、变形 | ○是□否 | |
| | | 充电桩有无放电声，有无过热变色、烧熔现象 | □是○否 | |
| | | 桩体表面是否干净、整洁 | □是○否 | |
| | 充电机柜 | 充电机模块有无报警，充电参数是否正常 | □是○否 | |
| | | 风机有无异响等，是否正常 | □是○否 | |
| | | 柜体外观有无破损，是否正常 | □是○否 | |
| 基建、安防、配电设施 | | 基建设施（雨棚、排水管道、倒车装置）有无损坏 | □是○否 | |
| | | 站内环境及基建设施是否干净、整洁，无油灰、有无小广告 | □是○否 | |
| | | 视频设备是否有损坏、是否正常 | ○是□否 | |
| | | 夜间照明是否完整 | □是○否 | |
| | | 设备围栏有无损坏、是否上锁 | □是○否 | |
| | | 站内标示标牌是否有损坏，缺失 | □是○否 | |
| | | 车位是否有被占用现象 | ○是○否 | |
| | | 灭火器是否齐备，有无丢失 | ○是□否 | |

备注：

## 附录3 故障抢修所需作业工器具和仪器仪表

附表3 故障抢修所需工器具和仪器仪表

| 序号 | 名称 | 型号及规格 | 单位 | 数量 | 安全要求 |
|---|---|---|---|---|---|
| 1 | 万用表 | 直流电压：1000V；<br>直流电流：10A；<br>交流电压：1000V；<br>交流电流：10A；<br>直流电阻：500MΩ | 块 | 1 | |
| 2 | 钳型电流表 | 交直流电流：600A；<br>分辨率：0.1A；<br>交直流电压：600V；<br>分辨率：0.1V | 块 | 1 | |
| 3 | 除尘气泵 | 220VAC；小型 | 台 | 2 | |
| 4 | 毛刷 | 除尘用 | 把 | 2 | |
| 5 | 红外手持测温枪/测温仪 | | 台 | 1 | （1）常用工具金属裸露部分应采取绝缘措施，并经检查合格。螺丝刀除刀口以外的金属裸露部分应用绝缘包裹措施，并经检查合格。 |
| 6 | 调试线 | USB转232/USB转串口/网线等 | 根 | 1 | |
| 7 | 笔记本电脑 | | 台 | 1 | |
| 8 | Can通信盒 | | 个 | 1 | |
| 9 | 程序烧写器 | | 个 | 1 | |
| 10 | 移动式照明设备 | | 组 | 1 | |
| 11 | U盘 | 8GB | 个 | 1 | |
| 12 | 存储卡 | 8GBclass4/class10MicroSD（TF卡） | 个 | 1 | （2）仪器仪表、安全工器具应检验合格，并在有效期内。 |
| 13 | 胶枪 | | 套 | 1 | |
| 14 | 电工工具包/箱 | 多功能工具包/箱 | 个 | 1 | （3）其他：根据现场需求配置 |
| 15 | 十字螺丝刀 | 大 | 把 | 1 | |
| 16 | 一字螺丝刀 | 大 | 把 | 1 | |
| 17 | 一字微型螺丝刀 | | 把 | 1 | |
| 18 | 剥线钳 | 0.75~6mm² | 把 | 1 | |
| 19 | 尖嘴钳 | | 把 | 1 | |
| 20 | 切割机 | | 个 | 1 | |
| 21 | 角磨机 | | 个 | 1 | |
| 22 | 电锤 | 2000W | 把 | 2 | |
| 23 | 套筒扳手 | 4~20号 65件 | 套 | 1 | |
| 24 | 内六角扳手 | | 套 | 1 | |

| 序号 | 名称 | 型号及规格 | 单位 | 数量 | 安全要求 |
|---|---|---|---|---|---|
| 25 | 手电钻 | 电动起子 | 把 | 1 | （1）常用工具金属裸露部分应采取绝缘措施，并经检查合格。螺丝刀除刀口以外的金属裸露部分应用绝缘包裹措施，并经检查合格。<br>（2）仪器仪表、安全工器具应检验合格，并在有效期内。<br>（3）其他：根据现场需求配置 |
| 26 | 鸭嘴锤子 | 400g | 把 | 1 | |
| 27 | 网线钳 | | 把 | 1 | |
| 28 | 工具刀 | 电工刀/工具刀 | 把 | 1 | |
| 29 | 网路巡线仪 | | 台 | 1 | |
| 30 | 热风枪 | | 把 | 2 | |
| 31 | 手电筒 | led手电，防爆 | 个 | 1 | |
| 32 | 梯子 | 铝合金加厚伸缩绝缘，人字工程梯 | 架 | 1 | |
| 33 | 绝缘电阻测试仪 | 500～1000V | 个 | 1 | |
| 34 | 低压验电器 | 0.4kV | 支 | 1 | |
| 35 | 接地线 | 25mm²三相四线接地线 | 组 | 2 | |
| 36 | 线轴 | 配备标准插排 | 个 | 1 | |

## 附录 4　故障抢修工作程序与作业规范

**附表 4**　　　　　　　　　故障抢修工作程序与作业规范

| 序号 | 工作阶段 | 工作内容 | 工作步骤及标准 |
|---|---|---|---|
| 1 | 工作开始 | 检修人员接收工单 | 在车联网系统"故障信息"中出现报修工单或接到客户报修电话，初步分析后，准备所需工器具备件 |
| 2 | 安全风险辨识 | 填写安全风险控制卡 | 根据现场抢修过程中的安全风险点，制定风险防控措施 |
| 3 | 赶赴现场 | 巡检人员接单后45min内赶赴现场 | 检查车辆车况是否良好 |
| | | | 安全工器具（绝缘手套、安全帽、隔离护栏、标志标识、验电器） |
| | | | 维修工具（工具箱等）是否齐全 |
| 4 | 到达现场 | 查看充电桩故障识别码 | 通过充电桩显示屏查看故障识别代码，分析故障原因 |
| 5 | 布置安全措施 | （1）摆放隔离护栏 | 通过充电桩显示屏资产码找到故障的充电桩并使用隔离护栏围出工作区域（工作区域：以故障充电桩为中心不小于0.4m） |
| | | （2）悬挂警示标示 | 在隔离护栏上悬挂"设备检修严禁入内"标识 |
| | | （3）进行设备外壳验电 | 使用验电器对故障设备外壳进行验电 |
| 6 | 故障处理 | （1）关闭充电桩电源 | 断开充电桩内部电源 |
| | | （2）关闭充电桩上级电源 | 找到充电桩上级电源，断开电源开关并悬挂"有人工作严禁合闸"标识 |
| | | （3）上级开关验电 | 使用验电器对充电桩内部开关下口及上口进行验电，确认无电压；如无法断开充电桩上级电源时，需在充电桩内部电源上级及带电部位设立绝缘挡板 |
| | | （4）挂接地线 | 上级电源开关断开后，出线侧挂接地线，先挂接地端，再挂导线端 |
| | | （5）处理故障 | 依据附录中的故障原因分析及解决方法，排查处理充电设备故障 |
| 7 | 拆除安全措施 | （1）拆除接地线 | 先验电，确认无电后拆除接地线；先拆导线端，再拆接地端 |
| | | （2）收回警示标示 | 将悬挂在隔离围栏上的设备检修标识取下收回 |
| | | （3）拆除隔离围栏 | 将现场隔离围栏拆除并收回 |

| 序号 | 工作阶段 | 工作内容 | 工作步骤及标准 |
|---|---|---|---|
| 8 | 现场清理 | 清点维修工器具 | 清点工器具及数量 |
| | | 清点安全工器具 | 清点安全工器具数量 |
| | | 清理维修现场 | 将现场区域地面清理干净 |
| 9 | 送电恢复 | 检查充电桩内部 | 检查充电桩内部有无遗留维修工具、维修材料，确保充电桩内部干净无杂物 |
| | | 充电桩送电 | 在充电桩上级电源处取下接地线及"有人工作严禁合闸"标识，闭合上级电源开关 |
| | | | 闭合充电桩内部电源开关 |
| | | 关闭、锁止充电桩门 | 关闭充电桩柜门并将确认门锁处于锁止状态 |
| | | 功能测试 | 连接充电枪，刷卡测试充电桩充电功能，确认恢复正常 |
| | | 处理完毕通知监控人员 | 完成充电桩工单办结流程及客户服务反馈 |
| | | 运行状态确认 | 确认充电桩运行正常，系统在线正常 |

# 附录5 故障抢修现场作业安全控制卡

**附表5** 故障抢修现场作业安全控制卡

充电站名称：

本次工作实施对象：

本次工作类型（检修、改造、其他）：

| 工作负责人： | 班组： |
| | 工作负责人联系电话： |

工作班成员：共 人

工作地点：

工作内容：

| 计划工作时间 | 自 年 月 日 时 分至 年 月 日 时 分 | |
|---|---|---|
| 序号 | 工作现场风险点分析 | 逐项落实"有/无" |
| 1 | 设备金属外壳接地不良有触电危险 | |
| 2 | 高压安全距离不够，有触电和电弧烧伤危险 | |
| 3 | 查看带电设备时，安全措施不到位，安全距离无法保证 | |
| 4 | 现场通道照明不足，易发生高空落物，碰伤、扎伤、摔伤等意外 | |
| 5 | 现场孔洞未封堵、电缆沟缺少盖板，有摔伤危险 | |
| 6 | 使用不合格工器具或检测方法不当有触电危险 | |
| 7 | 登高作业有高空坠落风险 | |
| 补充事项 | | |
| | | |
| | | |
| | | |
| | | |
| | | |
| 序号 | 注意事项及安全措施 | 逐项落实并打"√" |
| 1 | 进入工作现场，要至少两人进行 | |
| 2 | 进入作业现场应正确佩戴安全帽，现场作业人员还应穿全棉长袖工作服、绝缘鞋。使用绝缘工具，接触设备金属外壳前首先进行验电 | |
| 3 | 接触设备的工作，要先停电，验电，装设接地线 | |
| 4 | 现场有孔洞的，要事先装设围栏 | |

| 序号 | 注意事项及安全措施 | 逐项落实并打"√" |
|---|---|---|
| 5 | 登高作业要有人监护,搬动梯子要放倒两人搬动,梯子与地面倾斜角度不得大于60度。登高人员要使用安全带 | |
| 6 | 检查工作人员精神状态是否良好,确保符合现场工作要求 | |
| 7 | 召开开工会,进行危险点及安全技术措施交底,确保现场工作人员做到"五清楚" | |
| 补充事项 | | |
| 工作签发人签名 | | |
| 工作负责人签名 | | |
| 工作许可人签名 | | |
| 工作任务和现场安全措施已确认,工作班成员签名 | | |

开工时间:　　年　　月　　日　　时　　分

收工时间:　　年　　月　　日　　时　　分

全部工作已于年月日时分结束,工作班人员已全部撤离现场,材料、工具已清理完毕,杆塔、设备上已无遗留物,工作结束

| 工作负责人: | | 工作许可人: |
|---|---|---|
| 维修记录 | | |

# 附录6　周期性检测所需工器具和仪器仪表

附表6　　　　　　周期性检测所需工器具和仪器仪表

| 序号 | 名称 | 型号及规格 | 单位 | 数量 | 安全要求 |
|---|---|---|---|---|---|
| 1 | 功率分析仪 | / | 台 | 1 | |
| 2 | 录波仪 | / | 台 | 1 | |
| 3 | 高压差分探头 | / | 个 | 1 | （1）常用工具金属裸露部分应采取绝缘措施，并经检验合格。螺丝刀除刀口以外的金属裸露部分应用绝缘胶布包裹。 |
| 4 | 直流车辆接口模拟器 | / | 台 | 1 | |
| 5 | 直流负载 | / | 套 | 1 | |
| 6 | 电池电压模拟装置 | / | 台 | 1 | |
| 7 | 便携式直流充电桩测试设备 | / | 台 | 1 | |
| 8 | 交流车辆接口模拟器 | / | 台 | 1 | （2）仪器仪表安全工器具应检验合格，并在有效期内。 |
| 9 | 交流负载 | / | 套 | 1 | （3）测试线应处于绝缘良好状态，不可出现绝缘失效、金属丝裸露的情况。 |
| 10 | 便携式交流充电桩测试设备 | / | 台 | 1 | |
| 11 | 万用表 | / | 个 | 1 | |
| 12 | 接地电阻测试仪 | / | 套 | 1 | |
| 13 | 绝缘测试仪 | / | 个 | 1 | （4）其他：根据现场需求配置 |
| 14 | IPXXB试验试具 | / | 套 | 1 | |
| 15 | 钢卷尺 | / | 个 | 1 | |

# 附录7 周期性检测作业程序与作业规范

**附表7　　　　　　周期性作业程序与作业规范**

| 序号 | 工作步骤 | 责任人 | 作业内容（工作规范和质量要求） | 主要危险点预防控制措施 | 记录 |
|---|---|---|---|---|---|
| 一、任务接受 | | | | | |
| 1 | 接受任务 | 工作负责人 | 根据各地市公司充电设备周期检测需求，安排工作任务 | | |
| 2 | 任务评估 | 工作人员 | 根据工作任务安排，落实待检充电设备资产信息及站点位置 | | |
| 二、工作前准备 | | | | | |
| 1 | 工作计划 | 工作负责人 | 根据工作内容提前确定工作计划和工作安排。需要厂家配合要提前通知 | 提前沟通，确保设备生产厂家、运维单位三方人员在检测工作开展时到达现场配合检测工作，避免出现影响检测工作的情况 | |
| 2 | 工作分派 | 工作负责人 | （1）根据工作内容，分派现场检测人员，同时核对充电设备信息。（2）打印、装订现场检测记录 | | |
| 3 | 领取仪器设备 | 工作班成员 | 根据工作需求，填写仪器设备领用表，领取现场检测需要的仪器设备 | 妥善处理仪器设备，避免运输过程中造成的损坏 | 仪器设备领用表 |
| 4 | 检测工器具 | 工作班成员 | 选用合格的安全工器具，检查工器具应完好、齐备 | 避免使用不合格工器具引起电气、机械伤害 | |
| 5 | 检查安全防护工具 | 工作班成员 | 检查安全帽、反光背心、绝缘手套、绝缘鞋在有效使用期限内 | | |
| 三、现场周期检测 | | | | | |
| 1 | 办理低压工作票许可 | 工作负责人 | （1）告知用户或有关人员，说明工作内容。（2）办理低压工作票许可手续。（3）核对作业地点，落实现场安全措施 | （1）防止因安全措施未落实引起人身伤害和设备损坏。（2）一张低压工作票中，工作票签发人、工作许可人和工作负责人三者不得为同一人。工作许可人只有现场工作许可人（作为工作班成员之一，进行该工作任务所需现场操作及做安全措施者）可与工作负责人相互兼任。若相互兼任，应具备相应的资质，并履行相应的安全责任 | 低压工作票 |

| 序号 | 工作步骤 | 责任人 | 作业内容（工作规范和质量要求） | 主要危险点预防控制措施 | 记录 |
|---|---|---|---|---|---|
| 2 | 班前会 | 工作负责人、专责监护人 | （1）检查着装是否规范、个人防护用品是否合格齐备、人员精神状态是否良好。<br>（2）交代工作内容、人员分工、带电部位和现场安全措施，进行危险点告知和进行技术交底，并履行签名确认手续 | 防止工作班成员状态欠佳、危险点未告知或分工不明确等，引起人身伤害和设备损坏 | 班前会记录表 |
| 3 | 布置安全工作环境 | 工作负责人 | （1）应根据工作票或现场工作任务派工单所列安全要求，落实安全措施。<br>（2）应在作业现场装设临时遮栏（围栏），悬挂安全警示牌，避免其他人员进入测试区域。<br>（3）与运维单位确认停电位置，停电后使用自带验电笔对待检充电设备进行重复验电 | （1）在电气设备上作业时，应将未经验电的设备视为带电设备。<br>（2）工作人员应正确使用合格的安全绝缘工器具和个人劳动防护用品。<br>（3）工作票许可人应指明作业现场周围的带电部位，工作负责人确认无倒送电的可能。<br>（4）严禁工作人员未履行工作许可手续擅自开启充电设备前后门。<br>（5）严禁在未采取任何监护措施和保护措施情况下现场作业 | |
| 4 | 测试工作开展 | 工作班成员 | （1）根据现场作业指导书开展充电站接地检查，并对充电站接地电阻进行测试。<br>（2）根据现场检测作业指导书开展充电设备一般检查、外观检查、标志检查、接地电阻连续性、绝缘电阻测试工作，检测完成后，如实填写检测记录表。<br>（3）与设备生产厂家现场人员确认，建立充电设备与检测系统的电气连接，将所需要的检测信号与检测仪器连接。<br>（4）与运维单位确认，对充电设备上电。<br>（5）根据现场检测作业指导书，完成充电设备电性能、互操作性及协议一致性测试工作。<br>（6）对于可进行现场整改的不符合项目，可立刻组织设备生产商进行整改工作，整改完成后进行复测 | （1）现场人员应穿戴反光背心，并在走动时观察四周，避免出现碰撞事故。<br>（2）应禁止非工作人员进入工作区域，避免产生触电风险 | 检测记录表 |

| 序号 | 工作步骤 | 责任人 | 作业内容（工作规范和质量要求） | 主要危险点预防控制措施 | 记录 |
|---|---|---|---|---|---|
| 5 | 检测数据确认 | 工作班成员 | 现场检测人员与设备生产现场人员、运维单位负责人对检测数据进行确认，并在检测记录表上进行签字。检测记录表首页应签全名，后续页码可进行小签 | 应对检测记录上的充电设备资产信息、型号、出厂序列号进行核对拍照，确保数据真实有效 | 检测记录表、充电设备照片 |
| 6 | 办理工作票终结 | 工作班成员 | （1）与运维单位确认停电位置，停电后使用自带验电笔对待检充电设备进行重复验电。<br>（2）拆除充电设备与检测仪器的连接线，收回警示标志，拆除围栏等隔离措施。<br>（3）对出现安全隐患的充电设备，应及时将检测数据报送至地市公司，并办理充电设备停运手续。<br>（4）与运维单位确认，对充电设备上电。<br>（5）组织工作班成员有序离开现场。<br>（6）办理工作票终结手续 | 采用一人工作，一人监督的工作方式，确保工作过程中不出现人员伤害 | 工作票 |

四、检测数据处理、结果上传

| 序号 | 工作步骤 | 责任人 | 作业内容（工作规范和质量要求） | 主要危险点预防控制措施 | 记录 |
|---|---|---|---|---|---|
| 1 | 数据处理 | 工作班成员 | （1）整理现场检测数据，将原始记录表、设备采集的数据、现场拍摄的图片按照规定要求进行处理。<br>（2）根据整理的现场资料编制充电设备检测报告。<br>（3）报告编制完成后，交由报告审核人员进行审核并签字。<br>（4）报告审核完成后，交由报告授权签字人进行审批。<br>（5）报告审批完成后，在报告规定位置盖章，检测报告生效。<br>（6）将检测现场记录、检测报告整理，整理完毕后交检测档案管理部门归档，并签字确认 | （1）审核人员应重点对现场数据、图片等资料进行审核，确保检测数据真实有效。<br>（2）档案管理部门应对归档材料进行核实，确保归档材料齐全 | 检测报告、归档记录表 |
| 2 | 检测结果反馈 | 工作负责人 | （1）检测工作负责人将检测报告反馈至地市公司营销部。<br>（2）如有检测不符合项，地市公司营销部根据检测报告结果编写限期整改通知函 | | 整改通知函 |

续表

| 序号 | 工作步骤 | 责任人 | 作业内容（工作规范和质量要求） | 主要危险点预防控制措施 | 记录 |
|---|---|---|---|---|---|
| 五、整改工作 | | | | | |
| 1 | 设备整改 | 整改工作组负责人 | （1）地市公司营销部将整改通知函下发送至省电动汽车公司属地机构，并组织整改。<br>（2）省电动汽车公司属地机构组织开展整改工作 | （1）整改工作应严格低压工作要求，开具低压工作票，并设置安全工作监督人员，确保两人以上开展整改工作。<br>（2）现场整改时，涉及停电操作时，应与运维单位人员及时沟通，确保停电位置正确，避免造成其他影响，停电后应使用验电笔对充电设备主回路、信号采集回路、控制回路等进行验电，避免出现供电设备采用其他方式供电引起的人员伤害。<br>（3）现场整改工作时，应设置隔离围栏，避免其他人员进入工作区域，引起触电风险。<br>（4）运维工作人员应全程监护整改工作的实施，避免出现人身安全事故 | 整改通知函 |
| 2 | 整改确认 | 整改工作组负责人 | （1）整改完成后，整改单位发送书面整改通知回复函至地市公司营销部，并抄送省电动汽车公司。<br>（2）反馈整改情况，备案封存，视具体情况开展复检 | | 整改通知回复函 |

# 附录8 直流充电桩检测项目表

**附表8**            **直流充电桩检测项目表**

| 序号 | 实验项目分类 | 试验项目名称 | 周期检测 |
|---|---|---|---|
| 1 | 一般检查 | 外观检查 | √ |
| 2 | 一般检查 | 内部检查 | √ |
| 3 | 一般检查 | 电缆管理及贮存检查 | √ |
| 4 | 一般检查 | 标志检查 | √ |
| 5 | 一般检查 | 基本构成检查 | √ |
| 6 | 兼容性试验 | 新老国标兼容性试验 | √ |
| 7 | 一般检查 | 显示功能试验 | √ |
| 8 | 一般检查 | 输入功能试验 | √ |
| 9 | 安全试验 | 接地要求试验 | √ |
| 10 | 安全试验 | 急停功能 | √ |
| 11 | 安全试验 | 接触粘连试验 | √ |
| 12 | 安全检查 | 直接接触防护试验 | √ |
| 13 | 性能试验 | 供电电压消失试验 | √ |
| 14 | 安全试验 | 绝缘电阻试验 | √ |
| 15 | 性能试验 | 效率试验 | √ |
| 16 | 性能试验 | 功率因数试验 | √ |
| 17 | 安全试验 | 限压特性试验 | √ |
| 18 | 安全试验 | 限流特性试验 | √ |
| 19 | 安全试验 | 低压辅助电源试验 | √ |
| 20 | 性能试验 | 待机功耗试验 | √ |
| 21 | 安全试验 | 开门保护试验 | √ |
| 22 | 安全试验 | 控制导引电压限制试验 | √ |
| 23 | 兼容试验 | 连接确认测试 | √ |
| 24 | 兼容试验 | 自检阶段测试 | √ |
| 25 | 兼容试验 | 充电准备就绪测试 | √ |
| 26 | 兼容试验 | 充电阶段测试 | √ |
| 27 | 兼容试验 | 正常充电结束测试 | √ |
| 28 | 兼容试验 | 充电连接控制时序测试 | √ |
| 29 | 兼容试验 | 预充电功能试验 | √ |
| 30 | 安全试验 | 充电插头锁止功能测试 | √ |
| 31 | 安全试验 | 保护接地连续性试验 | √ |

| 序号 | 实验项目分类 | 试验项目名称 | 周期检测 |
|---|---|---|---|
| 32 | 安全试验 | 连接检测信号断开试验 | √ |
| 33 | 安全试验 | 绝缘异常试验 | √ |
| 34 | 性能试验 | 通信中断试验 | √ |
| 35 | 兼容试验 | 低压辅助上电及充电握手阶段报文测试 | √ |
| 36 | 兼容试验 | 充电配置阶段报文测试 | √ |
| 37 | 兼容试验 | 充电阶段报文测试 | √ |
| 38 | 兼容试验 | 充电结束阶段报文测试 | √ |
| 39 | 安全检查 | 防盗保护试验 | √ |
| 40 | 计量试验 | 计量工作误差 | √ |
| 41 | 计量试验 | 计量示值误差 | √ |
| 42 | 计量试验 | 计量付费金额误差 | √ |
| 43 | 计量试验 | 计量时钟误差 | √ |
| 44 | 计量试验 | 计量显示 | √ |
| 45 | 性能试验 | 充电桩信息检查 | √ |
| 46 | 性能试验 | 人机交互功能检查 | √ |
| 47 | 性能试验 | 控制充电功能试验 | √ |
| 48 | 性能试验 | 计费结算功能试验 | √ |
| 49 | 性能试验 | 充电电量检查 | √ |
| 50 | 性能试验 | 充电卡在线充电交易试验 | √ |
| 51 | 性能试验 | 充电卡离线充电交易试验 | √ |
| 52 | 性能试验 | 充电卡解灰功能试验 | √ |
| 53 | 性能试验 | 账号充电交易试验 | √ |
| 54 | 性能试验 | 扫码充电交易试验 | √ |
| 55 | 性能试验 | 非充电实时数据检查 | √ |
| 56 | 性能试验 | 充电实时数据检查 | √ |
| 57 | 性能试验 | 充电停机原因检查 | √ |
| 58 | 性能试验 | 充电桩位置检查 | √ |
| 59 | 性能试验 | 充电桩维护功能检查 | √ |
| 60 | 性能试验 | TCU 软件版本检查 | √ |
| 61 | 性能试验 | TCU 信息检查 | √ |
| 62 | 性能试验 | SIM 卡信息检查 | √ |
| 63 | 性能试验 | 电价计费模型召测试验 | √ |
| 64 | 性能试验 | 服务费计费模型召测试验 | √ |
| 65 | 性能试验 | 时钟同步试验 | √ |
| 66 | 性能试验 | 黑名单全量更新试验 | √ |
| 67 | 性能试验 | 广告轮播功能检查 | √ |

| 序号 | 实验项目分类 | 试验项目名称 | 周期检测 |
|------|------------|------------|---------|
| 68 | 性能试验 | 故障处理功能试验 | √ |
| 69 | 性能试验 | 故障信息—急停按钮动作试验 | √ |
| 70 | 性能试验 | 故障信息—门禁试验 | √ |
| 71 | 性能试验 | 故障信息—充电接口电子锁试验 | √ |
| 72 | 性能试验 | 故障信息—控制导引试验 | √ |
| 73 | 性能试验 | 故障信息—充电枪未归位试验 | √ |
| 74 | 性能试验 | 故障信息—内外侧电压异常试验 | √ |
| 75 | 性能试验 | 故障信息—电池反接试验 | √ |
| 76 | 性能试验 | 故障信息—绝缘监测试验 | √ |
| 77 | 性能试验 | 故障信息—BMS通信核查 | √ |
| 78 | 性能试验 | 功率分配功能检查 | √ |
| 79 | 性能试验 | 输出功率变化响应试验 | √ |

# 附录 9　交流充电桩检测项目表

**附表 9**　　　　　　　　　**交流充电桩检测项目表**

| 序号 | 实验项目分类 | 试验项目名称 | 周期检测 |
|---|---|---|---|
| 1 | 一般检查 | 外观检查 | √ |
| 2 | 一般检查 | 内部检查 | √ |
| 3 | 一般检查 | 电缆管理及贮存检查 | √ |
| 4 | 一般检查 | 标志检查 | √ |
| 5 | 一般检查 | 基本构成检查 | √ |
| 6 | 一般检查 | 显示功能试验 | √ |
| 7 | 一般检查 | 输入功能试验 | √ |
| 8 | 性能试验 | 通信功能试验 | √ |
| 9 | 安全试验 | 电击防护试验 | √ |
| 10 | 安全试验 | 绝缘电阻试验 | √ |
| 11 | 安全试验 | 急停保护试验 | √ |
| 12 | 安全试验 | 锁止功能试验 | √ |
| 13 | 安全试验 | 漏电保护试验 | √ |
| 14 | 安全试验 | 控制电压限值试验 | √ |
| 15 | 兼容试验 | 连接确认测试 | √ |
| 16 | 兼容试验 | 充电准备就绪测试 | √ |
| 17 | 兼容试验 | 启动和充电阶段测试 | √ |
| 18 | 兼容试验 | 正常充电结束测试 | √ |
| 19 | 兼容试验 | 充电连接控制时序测试 | √ |
| 20 | 兼容试验 | CP 断线测试 | √ |
| 21 | 兼容试验 | CP 接地试验 | √ |
| 22 | 兼容试验 | 保护接地连续性丢失 | √ |
| 23 | 安全试验 | 输出过流保护试验 | √ |
| 24 | 兼容试验 | 断开开关 S2 试验 | √ |
| 25 | 计量试验 | 计量工作误差 | √ |
| 26 | 计量试验 | 计量示值误差 | √ |
| 27 | 计量试验 | 计量付费金额误差 | √ |
| 28 | 计量试验 | 计量时钟误差 | √ |
| 29 | 计量试验 | 计量显示 | √ |
| 30 | 性能试验 | 充电桩信息检查 | √ |
| 31 | 性能试验 | 人机交互功能检查 | √ |

| 序号 | 实验项目分类 | 试验项目名称 | 周期检测 |
|---|---|---|---|
| 32 | 性能试验 | 控制充电功能试验 | √ |
| 33 | 性能试验 | 计费结算功能试验 | √ |
| 34 | 性能试验 | 充电电量检查 | √ |
| 35 | 性能试验 | 充电卡在线充电交易试验 | √ |
| 36 | 性能试验 | 充电卡离线充电交易试验 | √ |
| 37 | 性能试验 | 充电卡解灰功能试验 | √ |
| 38 | 性能试验 | 账号充电交易试验 | √ |
| 39 | 性能试验 | 扫码充电交易试验 | √ |
| 40 | 性能试验 | 非充电实时数据检查 | √ |
| 41 | 性能试验 | 充电实时数据检查 | √ |
| 42 | 性能试验 | 充电停机原因检查 | √ |
| 43 | 性能试验 | 充电桩位置检查 | √ |
| 44 | 性能试验 | 充电桩维护功能检查 | √ |
| 45 | 性能试验 | TCU 软件版本检查 | √ |
| 46 | 性能试验 | TCU 信息检查 | √ |
| 47 | 性能试验 | SIM 卡信息检查 | √ |
| 48 | 性能试验 | 电价计费模型召测试验 | √ |
| 49 | 性能试验 | 服务费计费模型召测试验 | √ |
| 50 | 性能试验 | 时钟同步试验 | √ |
| 51 | 性能试验 | 黑名单全量更新试验 | √ |
| 52 | 性能试验 | 广告轮播功能检查 | √ |
| 53 | 性能试验 | 故障处理功能试验 | √ |
| 54 | 性能试验 | 故障信息—急停按钮动作试验 | √ |
| 55 | 性能试验 | 故障信息—门禁试验 | √ |
| 56 | 性能试验 | 故障信息—充电接口电子锁试验 | √ |
| 57 | 性能试验 | 故障信息—控制导引试验 | √ |
| 58 | 性能试验 | 故障信息—充电枪未归位试验 | √ |

# 附录 10　充电站接地电阻原始记录表

| **附表 10** | **充电站接地电阻原始记录表** | |
|---|---|---|
| 充电站名称 | | |
| 充电站位置 | | |
| 项目名称 | 试验方法 | 检测结果 |
| 充电站接地电阻 | （1）充电站全站接地网的接地电阻不应大于 4Ω，设备、设施外壳与接地网引出线的测量电阻不大于 1Ω。充电站交流零线（N线），只允许在箱式变压器低压侧接地。充电站的箱变、充电机柜、充电桩、防雨棚构架、金属护栏均应分别与接地网可靠连接，禁止串接。<br>（2）充电站的设备外壳或构架接地均采用外部接地方式（便于检查和检测）。接地网引出线采用 40mm×4mm 或 50mm×5mm 镀锌扁钢，接地网引出线与设备外壳的连接方式可采用搭接焊接方式或螺栓连接方式。搭接焊接的搭接长度应大于扁钢宽度 2 倍，且应三面施焊，焊接点应涂抹沥青防腐；采用螺栓连接时，应采用双螺栓连接，螺栓采用 M10 不锈钢材料，设备内部 PE 接地铜排应与设备外壳可靠连接。2018 年及以后中标的充电设备厂家的充电桩和充电机柜外壳应增加接地端子。<br>（3）如不具备条件无法实现外部接地的，设备外壳、设备构架、金属围栏等可采用多股铜缆与接地网连接，铜缆截面应不小于 25mm²，表面应涂以绿色和黄色相间条纹。其连接螺栓应采用 M10 不锈钢材料，电缆与接地网和接地母排连接应采用专用铜质接线端子（线鼻子）。在箱体或桩体内部接地情况，应留存接地连接点的照片备查 | |
| 备注 | | |

| 检测： | 设备供应商： | 运维单位： |
|---|---|---|
| 日期： | 日期： | 日期： |

# 附录11 直流充电桩检测原始记录表

**附表 11**          **直流充电桩检测原始记录表**

| 充电站名称 | | | | |
|---|---|---|---|---|
| 充电站位置 | | | | |
| 产品名称 | | 型号规格 | | |
| 产品序列号 | | 资产编号 | | |
| 制造厂家 | | 出厂日期 | | |

| 序号 | 项目名称 | 试验方法 | 检测结果 |
|---|---|---|---|
| 1 | 外观检查 | （1）检查充电机（含充电连接装置）的外壳应平整，无明显凹凸痕、划伤、变形等缺陷；<br>（2）表面涂镀层应均匀，无脱落；<br>（3）内部零部件（包括连接装置内触头）应紧固可靠，无锈蚀、毛刺、裂纹等缺陷和损伤 | |
| 2 | 内部检查 | （1）检查充电设备进出线孔封堵情况，所有不借助专用工具可拆卸的门盖或外壳的进出线孔应良好封堵，无肉眼可见明显缝隙；<br>（2）检查线缆安装状况，充电设备内部电源进线、出线应布置整齐，并可靠固定，无表皮破损；<br>（3）充电设备输入输出线缆绝缘无老化、腐蚀和损伤痕迹，端子无过热痕迹，无火花放电痕迹；<br>（4）检查桩内应无异物；检查充电机散热口灰积异物 | |
| 3 | 电缆管理及贮存检查 | 对于连接方式 C 的供电设备，检查充电设备的车辆枪头贮存设备及电缆管理装置，应符合 GB/T 18487—2015 中 10.6 的要求 | |
| 4 | 标志检查 | （1）目测检查充电机铭牌位置和内容应正确、完整，铭牌内容；<br>（2）目测检查充电机上接线、接地及安全标志应正确、完整。<br>（3）通过观察并用一块浸透蒸馏水的脱脂棉在约 15s 内擦拭 15 个来回，随后用一块浸透汽油的脱脂棉在约 15s 内擦拭 15 个来回，试验期间应用约 2N/cm² 的压力降脱脂棉压在标志上，试验后，标志仍应易于辨认 | |
| 5 | 基本构成检查 | 目测检查充电机的基本构成 | |
| 6 | 新老国标兼容性试验 | （1）对于具备新老国标兼容功能的充电机，连接试验系统，设置充电机充电参数，试验系统按照旧国标启动，检查充电机应能正确响应；<br>（2）在充电过程中，模拟进行启停操作，检查充电机应能正确响应 | |
| 7 | 显示功能试验 | （1）具备待机、充电、告警状态指示灯，其中待机为绿色、充电为红色、告警为黄色。<br>（2）对具备手动设定功能的充电机，应显示手动输入信息。<br>（3）对公用型充电机，显示电池当前 SOC、充电电压、充电电流、已充电时间、已充电电量、已充电金额。<br>（4）充电机可显示或借助外部工具显示各状态下的相关信息，显示字符清晰、完整，无缺损现象，可以不依靠环境光源即可辨认 | |

| 序号 | 项目名称 | 试验方法 | 检测结果 |
|---|---|---|---|
| 8 | 输入功能试验 | 对于具备输入功能的充电机，连接试验系统，设置充电机充电参数，检查充电机应能正确响应；<br>在充电过程中，模拟进行启停操作，检查充电机应能正确响应 | |
| 9 | 接地要求试验 | 检查充电机金属壳体应设置接地螺栓，用量规或游标卡尺测量其直径不应小于 6mm，应有接地标志；<br>检查充电机的门、盖板、覆板和类似部件，应采用保护导体将这些部件和充电机主体框架连接，用量规或游标卡尺测量保护导体的截面积不应小于 2.5mm²；<br>通过电桥、接地电阻试验仪或数字式低电阻试验仪测量，充电机内任意应该接地的点至总接地之间的电阻不应大于 0.1Ω，测量点不应少于 3 个，如果测量点涂敷防腐漆，需将防腐漆刮去，露出非绝缘材料后再进行试验，接地端子应有明显的标志；<br>检查充电机内部工作地与保护地应相互独立，应分别直接连接到接地导体（铜排）上，不应在一个接地线中串接多个需要接地的电气装置 | |
| 10 | 急停功能 | 检查充电机应安装急停装置，且具备防止误操作的防护措施；<br>对于一体式充电机，将充电机连接试验系统，在充电过程中，模拟启动急停装置，检查应能同时切断充电机的动力电源输入和直流输出；<br>对于分体式充电机，将充电机连接试验系统，在充电过程中，模拟启动急停装置，检查应能切断相应充电终端的直流输出 | |
| 11 | 接触粘连试验 | 充电模式 4 下，供电设备应具备供电回路接触器粘连监测和告警功能。<br>充电机应在启动充电前进行供电回路直流接触器触点粘连检测，也可以在直流接触器断开后进<br>行触点粘连检测。当检测到任何一个直流接触器的主触点出现粘连情况时，充电机不应启动充电，并发出告警信息 | |
| 12 | 直接接触防护试验 | 通过 IPXXC 试验试具进行试验，将试具推向充电机外壳的任何开口，试验用力（3±0.3）N，如试具能进入一部分或全部进入，应在每一个可能的位置上活动，但挡盘不得穿入开口，且不应触及危险带电部件 | |
| 13 | 供电电压消失试验 | 将充电机连接试验系统，在充电过程中，模拟交流供电停电，检查充电机应能在 1s 内将车辆接口电压降至 60V DC 以下；<br>保持充电用连接装置处于完全连接状态，恢复对充电机的交流供电，检查充电机应不能继续本次充电且不能发送停电前的充电阶段报文 | |
| 14 | 绝缘电阻试验 | 应符合 Q/GDW 1591—2014 中第 5.5.1 节的规定 | |
| 15 | 效率试验 | 应符合 Q/GDW 1591—2014 中第 5.6.9 节的规定 | |
| 16 | 功率因数试验 | 应符合 Q/GDW 1591—2014 中第 5.6.9 节的规定 | |
| 17 | 限压特性试验 | 应符合 Q/GDW 1591—2014 中第 5.6.7 节的规定 | |
| 18 | 限流特性试验 | 应符合 Q/GDW 1591—2014 中第 5.6.8 节的规定 | |
| 19 | 低压辅助电源试验 | 应符合 Q/GDW 1591—2014 中第 5.8 节的规定 | |

| 序号 | 项目名称 | 试验方法 | 检测结果 |
|------|---------|---------|---------|
| 20 | 待机功耗试验 | 对于具备待机功能的充电机，连接试验系统，在额定输入电压下，启动待机功能，检查充电机的待机功耗不应大于 N×50W。<br>注：N 表示车辆接口数量 | |
| 21 | 开门保护试验 | 对具有维护门且门打开时可造成带电部位露出的充电机，连接试验系统，按照以下步骤进行试验：<br>在充电前，打开充电机门，检查充电机应无法启动充电；<br>对于一体式充电机，在充电过程中，模拟门打开，检查充电机应同时切断动力电源输入和直流输出；<br>对于分体式充电机，在充电过程中，模拟门打开，检查充电机应切断相应部分的电源输入或输出 | |
| 22 | 控制导引电压限制试验 | 充电机控制导引电压误差应符合 GB/T 18487.1—2015 中附录表 B.1 的规定 | |
| 23 | 连接确认测试 | 对直流充电桩进行充电设置后，直流充电桩控制装置通过测量检测点 1 的电压值判断车辆插头与车辆插座是否已完全连接，当检测点 1 电压值为 4V 时，则判断车辆接口完全连接 | |
| 24 | 自检阶段测试 | 绝缘检测开始前，电池端电压（K1 和 K2 外侧电压）<10V。<br>车辆接口完全连接后，闭合 K3 和 K4，使低压辅助供电回路导通。<br>闭合 K1 和 K2，进行绝缘检测，绝缘检测时的输出电压应为车辆通信握手报文内的最高允许充电总电压和供电设备额定电压中的较小值。<br>绝缘检测完成后，将 IMD（绝缘检测）以物理方式从强电回路中分离，并投入泄放回路对充电输出电压进行泄放，直流充电桩完成自检后断开 K1 和 K2，同时开始周期发送通信握手报文 | |
| 25 | 充电准备就绪测试 | 直流充电桩控制装置检测到车辆端电池电压正常（确认接触器外端电压：与通信报文电池电压误差范围≤±5%，且大于充电机最低输出电压，且小于充电机最高输出电压）后闭合 K1 和 K2，使直流供电回路导通 | |
| 26 | 充电阶段测试 | 在充电阶段，车辆控制装置向直流充电桩控制装置实时发送电池充电需求参数，调整充电电流下降时：<br>$\Delta I \leqslant 20A$，最长在 1s 内将充电电流调整到与命令值相一致；<br>$\Delta I > 20A$，最长在 $\Delta I/dlmin$ s（dlmin 为最小充电速率，20A/s）内将充电电流调整到与命令值相一致。<br>直流充电桩控制装置根据电池充电需求参数实时调整充电电压和充电电流。<br>车辆控制装置和直流充电桩控制装置还相互发送各自的状态信息 | |
| 27 | 正常充电结束测试 | 车辆控制装置根据电池系统是否达到满充状态或是否收到"充电机中止充电报文"来判断是否结束充电。<br>当达到操作人员设定的充电结束条件或收到电池管理系统中止充电报文后，直流充电桩控制装置周期发送"充电机中止充电报文"，并控制充电机停止充电以不小于 100A/s 的速率减小充电电流，当充电电流小于或等于 5A 时，断开 K1 和 K2。<br>当操作人员实施了停止充电命令后，直流充电桩控制装置开始周期发送"充电机中止充电报文"，并控制充电机停止充电在确认充电电流变为小于 5A 后断开 K1、K2，并再次投入泄放回路，然后再断开 K3、K4 | |

续表

| 序号 | 项目名称 | 试验方法 | 检测结果 |
|---|---|---|---|
| 28 | 充电连接控制时序测试 | 充电机连接负载，在充电机启动握手、参数配置、正常充电及充电结束等阶段，对检测点1、A+A−、K1和K2前端电压及输出电流等4项参数的波形进行监测记录，将结果与GB/T 18487.1—2015中图B.2进行对比分析，判断其是否符合标准要求 | |
| 29 | 预充电功能试验 | 将充电机连接试验系统，启动充电阶段，在K5和K6闭合前，模拟正常的车辆端电池电压（K1和K2外侧电压与通信报文电池电压误差范围≤±5%且在充电机正常输出电压范围内），闭合K5和K6，检查充电应在检测到正常的车辆端电池电压后，将K1和K2内侧输出电压调整到当前电池电压减去1～10V，再闭合K1和K2 | |
| 30 | 充电插头锁止功能测试 | 通过检查检测点1电压值，并施加符合GB/T 20234.1—2015中6.3.2规定的拔出外力，检查机械锁止装置的有效性。<br>通过检查电子锁反馈信号变化和机械锁是否能操作，检查电子锁止装置对机械锁止装置的联锁效果。当电子锁未可靠锁止时，检查充电机应不允许充电。在整个充电过程中（包括绝缘自检），检查充电机电子锁应可靠锁止，不允许带电解锁且不应由人手直接操作解锁。<br>模拟故障不能继续充电、充电完成时，检查在解除电子锁时车辆接口电压应降至60V DC以下。<br>检查电子锁装置应具备应急解锁功能 | |
| 31 | 保护接地连续性试验 | 按照GB/T 34657.1—2017中6.3.4.6规定的测试方法进行试验，充电机应在100ms内断开K1和K2，且电子锁解锁时车辆接口电压不应超过60V DC | |
| 32 | 连接检测信号断开试验 | 按照GB/T 34657.1—2017中6.3.4.3规定的测试方法进行试验，充电机应在100ms内断开K1和K2，且电子锁解锁时车辆接口电压不应超过60V DC | |
| 33 | 绝缘异常试验 | 充电机在充电前应能进行绝缘检查。当发生绝缘水平下降到要求值以下，充电机应不能立即启动输出并有告警提示。绝缘测试应符合GB/T 18487.1—2015中附录B.4.1的规定 | |
| 34 | 通信中断试验 | 将充电机连接试验系统，按照GB/T 34657.1—2017中6.3.4.1规定的测试方法进行试验，检查充电机应能停止充电并发出告警提示 | |
| 35 | 低压辅助上电及充电握手阶段报文测试 | 按照GB/T 34658—2017中7.5.1规定的测试方法进行测试，通信逻辑、CHM报文、CRM报文应符合GB/T 27930—2015中的规定 | |
| 36 | 充电配置阶段报文测试 | 按照GB/T 34658—2017中7.5.2规定的测试方法进行测试，通信逻辑、CTS报文、CML报文、CRO报文应符合GB/T 27930—2015中的规定 | |
| 37 | 充电阶段报文测试 | 按照GB/T 34658—2017中7.5.3规定的测试方法进行测试，CCS报文应符合GB/T 27930—2015中的规定 | |
| 38 | 充电结束阶段报文测试 | 按照GB/T 34658—2017中7.5.4规定的测试方法进行测试，通信逻辑、CSD报文应符合GB/T 27930—2015中的规定 | |
| 39 | 防盗保护试验 | 对于户外型充电机，检查其应具有防盗措施，如防盗锁和防盗螺钉等，且产品安装说明书中应有相关要求 | |

| 序号 | 项目名称 | 试验方法 | 检测结果 |
|---|---|---|---|
| 40 | 计量工作误差 | 按照 JJG 1149—2018 电动汽车直流充电桩第 9.3 条进行测试，计量工作误差应控制在规定误差限值的 60％以内 | |
| 41 | 计量示值误差 | 按照 JJG 1149—2018 电动汽车直流充电桩第 9.4 条进行测试，计量示值误差应控制在规定误差限值的 60％以内 | |
| 42 | 计量付费金额误差 | 按照 JJG 1149—2018 电动汽车直流充电桩第 9.5 条进行测试，计量付费金额误差应符合 JJG 1149—2018 电动汽车直流充电桩第 5.3 条 | |
| 43 | 计量时钟误差 | 按照 JJG 1149—2018 电动汽车直流充电桩第 9.6 条进行测试，计量时钟误差应符合 JJG 1149—2018 电动汽车直流充电桩第 5.4 条 | |
| 44 | 计量显示 | 检查直流充电桩计量显示功能：<br>背光（参考相关标准）<br>直流充电机电量显示单位应为 kWh，显示位数应不少于 6 位，至少含 3 位小数；<br>付费金额显示单位应为人民币元，显示位数应不少于 6 位，至少含有 2 位小数；<br>对具有分时计费功能的直流充电机，当前时刻显示分辨力至少 1s。<br>充电起始显示：<br>直流充电机有多种计费方式或多种费率可供选择，在开始充电之前，应有明确的界面供用户选择计费方式、费率和费率时段。如果只有一种计费方式和费率，应有明确的界面告知用户计费方式、费率和费率时段。<br>充电开始时，显示本次总充电量、本次总付费金额、当前费率充电量、当前费率付费金额。<br>充电过程显示：<br>在充电过程中的任意时刻，直流充电机应能显示当时的计费方式、本次总充电量、本次总付费金额、当前费率、当前费率充电量、当前费率付费金额、当前时间、当前费率时段。<br>充电结束显示：<br>在充电结束时，应明确显示充电结束。应显示本次充电总充电量、本次充电总付费金额、本次充电中采用的每种费率、每种费率的起始和终止时间、每种费率充电量、每种费率付费金额，附加费用。<br>状态显示：<br>直流充电机应明确显示所处的状态，如工作状态、检测状态或编程状态。<br>特殊显示：<br>充电中断时，应按照充电结束的要求显示，并明确显示充电中断。<br>在检测状态和编程状态下，除工作状态下的显示之外，还应能显示直流充电机的总电量、总付费金额电压、电流、功率等信息 | |
| 45 | 充电桩信息检查 | 检查充电桩厂家编码、TCU 软件主版本号、充电控制器软件版本、当前通信协议版本号、充电控制器软件日期、充电机最大输出电流、充电机最高输出电压等数据与车联网平台显示的相应数据一致 | |
| 46 | 人机交互功能检查 | 充电桩人机交互流程，应符合 Q/GDW 1591—2014 中第 5.3.3 节的规定 | |

| 序号 | 项目名称 | 试验方法 | 检测结果 |
|---|---|---|---|
| 47 | 控制充电功能试验 | 使用充电卡、账号或二维码方式，可以正确启动充电，充电中充电桩各界面显示的数据显示正常，符合计费控制单元与充电控制器通信协议规定 | |
| 48 | 计费结算功能试验 | 通过设定固定金额的方式进行充电，检查充电桩能准确结算并显示，检查账号密码异常或者余额不足时，充电桩界面有正确的提示 | |
| 49 | 充电电量检查 | 检查电表底值与车联网平台显示的电表底值一致；检查电表数据上送周期与平台设置一致；控制器采集的充电数据与电表采集的充电数据相符，符合计费控制单元与充电控制器通信协议规定 | |
| 50 | 充电卡在线充电交易试验 | 检查充电桩使用充电卡进行启动充电，充电结算交易数据与车联网平台、e充电App上显示的结算数据一致，符合车联网平台通信规范 | |
| 51 | 充电卡离线充电交易试验 | 检查充电桩在离线状态下可以充电，离线状态产生的交易记录在充电桩上线后，能正常上送车联网平台，交易数据与车联网平台显示一致，符合车联网平台通信规范 | |
| 52 | 充电卡解灰功能试验 | 充电桩可以查询灰锁的充电卡，灰锁数据可正常显示；可以正确解锁灰锁的充电卡，充电桩界面显示的解锁数据与车联网平台、e充电App上显示的解锁数据保持一致 | |
| 53 | 账号充电交易试验 | 检查账号充电结算交易数据与车联网平台、e充电App上显示的结算数据一致，符合车联网平台通信规范 | |
| 54 | 扫码充电交易试验 | 检查二维码充电结算交易数据与车联网平台、e充电App上显示的结算数据一致，符合车联网平台通信规范 | |
| 55 | 非充电实时数据检查 | 检查充电桩非充电过程实时数据与车联网平台、e充电App上显示的一致，符合车联网平台通信规范 | |
| 56 | 充电实时数据检查 | 检查充电桩充电过程实时数据与车联网平台、e充电App上显示的一致，符合车联网平台通信规范 | |
| 57 | 充电停机原因检查 | 充电桩充电时，检查启动前失败、启动中失败、充电中失败时的失败原因，以及交易记录中停机原因的与车联网平台、e充电App上显示的一致，符合车联网平台通信规范 | |
| 58 | 充电桩位置检查 | 检查充电桩位置与车联网平台显示的相应数据一致 | |
| 59 | 充电桩维护功能检查 | 检查充电桩可以正确执行车联网平台下发的系统维护指令 | |
| 60 | TCU软件版本检查 | 检查充电桩已安装国网最新版TCU软件且信号良好，符合车联网平台通信规范要求 | |
| 61 | TCU信息检查 | 检查TCU硬件信息、内存量、磁盘空间、CPU使用率指标与车联网平台显示的相应数据一致 | |
| 62 | SIM卡信息检查 | 检查充电桩内置的SIM卡网络规格、网络信号等级、网络制式、数据流量与车联网平台显示的相应数据一致 | |

续表

| 序号 | 项目名称 | 试验方法 | 检测结果 |
|------|---------|---------|---------|
| 63 | 电价计费模型召测试验 | 检查充电桩本地存储的电价模型与车联网平台显示的相应数据一致 | |
| 64 | 服务费计费模型召测试验 | 检查充电桩本地存储的服务费模型与车联网平台显示的相应数据一致 | |
| 65 | 时钟同步试验 | 检查充电桩上的时标与车联网平台显示的时标一致 | |
| 66 | 黑名单全量更新试验 | 检查充电桩本地存储的黑名单全量更新结果与车联网平台全量更新的黑名单一致 | |
| 67 | 广告轮播功能检查 | 检查充电桩本地存储的广告内容、图片像素、个数、格式、轮播次序与车联网平台下发的一致 | |
| 68 | 故障处理功能试验 | 充电桩出现异常时，检查充电桩停机流程时的数据是否合理，检查充电桩能正确显示相应的故障信息，符合充电控制器故障信息处理技术要求 | |
| 69 | 故障信息－急停按钮动作试验 | 充电机在待机、启动中、充电中、停机中时，模拟操作充电桩急停动作，使急停异常信号产生和恢复，检查充电桩与车联网平台、e充电App、巡检App故障传动是否一致 | |
| 70 | 故障信息－门禁试验 | 充电机在待机、启动中、充电中、停机中时，模拟操作充电机门被打开，使门禁故障信号产生和恢复，检查充电桩与车联网平台、e充电App、巡检App故障传动是否一致 | |
| 71 | 故障信息－充电接口电子锁试验 | 充电机在待机、启动中、充电中、停机中时，模拟操作电子锁止动作及解锁动作失败，使电子锁异常信号产生和恢复，检查充电桩与车联网平台、e充电App、巡检App故障传动是否一致 | |
| 72 | 故障信息－控制导引试验 | 充电机在启动中、充电中时，模拟操作车辆导引连接异常，检查充电桩与车联网平台、e充电App、巡检App故障传动是否一致 | |
| 73 | 故障信息－充电枪未归位试验 | 充电桩待机时，模拟操作充电枪归位没有到位，检查充电桩与车联网平台、e充电App、巡检App故障传动是否一致 | |
| 74 | 故障信息－内外侧电压异常试验 | 充电机待机、启动时，模拟操作内外侧电压异常、内侧电压与外侧电压不符，检查充电桩与车联网平台、e充电App、巡检App故障传动是否一致 | |
| 75 | 故障信息－电池反接试验 | 充电桩启动充电阶段，模拟操作外侧电池反接，检查充电桩与车联网平台、e充电App、巡检App故障传动是否一致 | |
| 76 | 故障信息－绝缘监测试验 | 充电桩启动阶段，模拟车辆绝缘性能降低，检查充电桩与车联网平台、e充电App、巡检App故障传动是否一致 | |
| 77 | 故障信息－BMS通信核查 | 在充电中，模拟车辆BMS与控制器通信异常，检测充电桩与车联网平台、e充电App、巡检App故障传动是否一致 | |

| 序号 | 项目名称 | 试验方法 | 检测结果 |
|---|---|---|---|
| 78 | 功率分配功能检查 | 充电桩充电中可投切的最小功率单元,符合非车载整车充电机采购标准技术规范 | |
| 79 | 输出功率变化响应试验 | 充电桩输出功率变化时,车辆需求电压、需求电流及充电桩直流输出电压和电流值应能正确上送车联网平台、e充电App,变化要求应符合非车载整车充电机采购标准技术规范 | |
| 备注 | | | |

| 检测: | 设备供应商: | 运维单位: |
|---|---|---|
| 日期: | 日期: | 日期: |

# 附录12 交流充电桩检测原始记录表

**附表 12** 　　　　　　　　　　　**交流充电桩检测原始记录表**

| 充电站名称 | | | | |
|---|---|---|---|---|
| 充电站位置 | | | | |
| 产品名称 | | 型号规格 | | |
| 产品序列号 | | 资产编号 | | |
| 制造厂家 | | 出厂日期 | | |

| 序号 | 项目名称 | 试验方法 | |
|---|---|---|---|
| 1 | 外观检查 | 检查充电桩外壳应平整，无明显凹凸痕、划伤、变形等缺陷；表面涂镀层应均匀，无脱落；零部件应紧固可靠，有无锈蚀、毛刺、裂纹等缺陷和损伤 | |
| 2 | 内部检查 | 检查充电设备进出线孔封堵情况，所有不借助专用工具可拆卸的门盖或外壳的进出线孔应良好封堵，无肉眼可见明显缝隙；<br>检查线缆安装状况，充电设备内部电源进线、出线应布置整齐，并可靠固定，无表皮破损；<br>充电设备输入输出线缆绝缘无老化、腐蚀和损伤痕迹，端子无过热痕迹，无火花放电痕迹；<br>检查桩内应无异物 | |
| 3 | 电缆管理及贮存检查 | 对于连接方式 C 的供电设备，检查充电设备的车辆枪头贮存设备及电缆管理装置，应符合 GB/T 18487—2015 中 10.6 的要求 | |
| 4 | 标志检查 | 目测检查充电桩铭牌位置和内容应正确、完整，铭牌内容。目测检查充电桩上接线、接地及安全标志应正确、完整。通过观察并用一块浸透蒸馏水的脱脂棉在约 15s 内擦拭 15 个来回，随后用一块浸透汽油的脱脂棉在约 15s 内擦拭 15 个来回，试验期间应用约 2N/cm² 的压力将脱脂棉压在标志上，试验后，标志仍应易于辨认 | |
| 5 | 基本构成检查 | 应符合 Q/GDW 1592—2014 中第 5.2.1 节的规定 | |
| 6 | 显示功能试验 | 将充电桩连接试验系统，模拟待机状态、充电状态、故障状态等，检查充电桩的显示信息与设置状态应一致。<br>充电桩可显示或借助外部工具显示各状态下的相关信息：<br>（1）充电桩应显示下列信息或状态，充电桩的运行状态指示灯：待机、充电、故障等，宜采用不同颜色标示。<br>（2）充电桩可显示下列信息：输出电压、输出电流、已充时间、已充电量、已充金额。<br>显示字符应清晰、完整，无缺损现象，可以不依靠环境光源即可辨认 | |
| 7 | 输入功能试验 | 应符合 Q/GDW 1592—2014 中第 5.5.2 节的规定 | |
| 8 | 通信功能试验 | 应符合 Q/GDW 1592—2014 中第 5.5.5 节的规定 | |

| 序号 | 项目名称 | 试验方法 | |
|------|----------|----------|---|
| 9 | 电击防护试验 | 应符合 Q/GDW 1592—2014 中第 5.7 节的规定 | |
| 10 | 绝缘电阻试验 | 应符合 Q/GDW 1592—2014 中第 5.3.1 节的规定 | |
| 11 | 急停保护试验 | 对于安装急停开关的充电桩，连接试验系统，并设置在额定负载状态下运行，按急停开关，检查充电桩应在 100ms 内切断交流供电回路 | |
| 12 | 锁止功能试验 | 对于采用连接方式 B 的充电桩，当充电桩额定电流大于 16A 时，检查供电插座应安装具有位置反馈功能的电子锁止装置。<br><br>充电连接装置完全连接并启动充电桩，检查检测点 1 或检测点 4 的电压值，确认供电接口和/或车辆接口的机械锁有效性，检查电子锁反馈信号应与实际锁止状态对应，确认充电桩电子锁止有效性；检查电子锁止装置对机械锁止装置的联锁效果，检查机械锁止装置应不能被打开。<br><br>当电子锁未可靠锁止时，检查充电桩应不允许充电。在整个充电过程中，检查充电桩电子锁应可靠锁止，不允许带电解锁且不应由人手直接操作解锁；未可靠锁止时，检查充电桩应能立即切断交流输出并发出告警提示。<br><br>正常充电结束后交流供电回路切断 100ms 内，检查电子锁不应被解锁；交流供电回路切断 100ms 后，充电桩未进行解除电子锁时，需要至少 1 次再次解锁，解锁失败时，需要发出告警提示。<br>检查电子锁装置应具备应急解锁功能 | |
| 13 | 漏电保护试验 | 检查充电桩应具备独立的漏电保护装置，可以安装在充电桩外部。<br>在充电过程中，模拟漏电超过保护阈值，检查充电桩应立即切断交流供电回路。<br>漏电保护装置应符合 A 型或 B 型要求 | |
| 14 | 控制电压限值试验 | 按照 GB/T 34657.1—2017 中 6.4.5.1 规定的测试方法进行测试 | |
| 15 | 连接确认测试 | 按照 GB/T 34657.1—2017 中 6.4.2.1 规定的测试方法进行测试，充电桩控制状态应符合 GB/T 18487.1—2015 中 A.3.2、A.3.4 和 GB/T 34657.1—2017 中 6.4.2.1 的规定 | |
| 16 | 充电准备就绪测试 | 按照 GB/T 34657.1—2017 中 6.4.2.2 规定的测试方法进行测试，充电桩控制状态应符合 GB/T 18487.1—2015 中 A.3.6 和 GB/T 34657.1—2017 中 6.4.2.2 的规定 | |
| 17 | 启动和充电阶段测试 | 按照 GB/T 34657.1—2017 中 6.4.2.3 规定的测试方法进行测试，充电桩控制状态应符合 GB/T 18487.1—2015 中 A.3.7、A.3.8 和 GB/T 34657.1—2017 中 6.4.2.3 的规定 | |
| 18 | 正常充电结束测试 | 按照 GB/T 34657.1—2017 中 6.4.2.3 规定的测试方法进行测试，充电桩控制状态应符合 GB/T 18487.1—2015 中 A.3.7、A.3.8 和 GB/T 34657.1—2017 中 6.4.2.3 的规定 | |
| 19 | 充电连接控制时序测试 | 充电桩充电连接控制时序和充电状态流程应符合 GB/T 18487.1—2015 中 A.4 和 A.5 的规定 | |

续表

| 序号 | 项目名称 | 试验方法 | |
|---|---|---|---|
| 20 | CP断线测试 | 按照GB/T 34657.1—2017中6.3.4.2规定的测试方法进行测试,充电桩控制状态应符合GB/T 18487.1—2015中B.3.7.3和GB/T 34657.1—2017中6.3.4.2的规定 | |
| 21 | CP接地试验 | 按照GB/T 34657.1—2017中6.4.4.3规定的测试方法进行测试,充电桩控制状态应符合GB/T 18487.1—2015中A.3.10.4、A.3.10.9和GB/T 34657.1—2017中6.4.4.3的规定 | |
| 22 | 保护接地连续性丢失 | 按照GB/T 34657.1—2017中6.4.4.4规定的测试方法进行测试,充电桩控制状态应符合 GB/T 18487.1—2015中5.2.1.2和GB/T 34657.1—2017中6.4.4.4的规定 | |
| 23 | 输出过流保护试验 | 按照GB/T34657.1—2017中6.4.4.5规定的测试方法进行测试,充电桩控制状态应符合 GB/T18487.1—2015中A.3.10.7和GB/T34657.1—2017中6.4.4.5的规定 | |
| 24 | 断开开关S2试验 | 按照GB/T34657.1—2017中6.4.4.6规定的测试方法进行测试,充电桩控制状态应符合 GB/T18487.1—2015中A.3.10.8和GB/T34657.1—2017中6.4.4.6的规定 | |
| 25 | 计量工作误差 | 按照JJG1148—2018电动汽车交流充电桩第9.3条进行测试,计量工作误差应控制在规定误差限值的60%以内a | |
| 26 | 计量示值误差 | 按照JJG1148—2018电动汽车交流充电桩第9.4条进行测试,计量测试误差应控制在规定误差限值的60%以内a | |
| 27 | 计量付费金额误差 | 按照JJG1148—2018电动汽车交流充电桩第9.5条进行测试,计量付费金额误差应符合JJG1148—2018电动汽车交流充电桩第5.3条 | |
| 28 | 计量时钟误差 | 按照JJG1148—2018电动汽车交流充电桩第9.6条进行测试,计量时钟误差应符合JJG1148—2018电动汽车交流充电桩第5.4条 | |
| 29 | 计量显示 | 检查充电桩的计量显示功能:<br>(1)背光(参考相关标准)<br>(2)充电桩电量显示单位应为kWh,显示位数应不少于6位,至少含3位小数;<br>(3)付费金额显示单位应为人民币元,显示位数应不少于6位,至少含有2位小数;<br>(4)对具有分时计费功能的充电桩,当前时刻显示分辨力至少1s。<br>充电起始显示:<br>(1)充电桩有多种计费方式或多种费率可供选择,在开始充电之前,应有明确的界面供用户选择计费方式、费率和费率时段。如果只有一种计费方式和费率,应有明确的界面告知用户计费方式、费率和费率时段。<br>(2)充电开始时,显示本次总充电量、本次总付费金额、当前费率充电量、当前费率付费金额。<br>充电过程显示: | |

| 序号 | 项目名称 | 试验方法 | |
|---|---|---|---|
| 29 | 计量显示 | 在充电过程中的任意时刻，充电桩应能显示当时的计费方式、本次总充电量、本次总付费金额、当前费率、当前费率充电量、当前费率付费金额、当前时间、当前费率时段。<br>充电结束显示：<br>在充电结束时，应明确显示充电结束。应显示本次充电总充电量、本次充电总付费金额、本次充电中采用的每种费率、每种费率的起始和终止时间、每种费率充电量、每种费率付费金额，附加费用。<br>状态显示：<br>充电桩应明确显示所处的状态，如工作状态、检测状态或编程状态。<br>特殊显示：<br>充电中断时，应按照充电结束的要求显示，并明确显示充电中断。<br>在检测状态和编程状态下，除工作状态下的显示之外，还应能显示充电桩的总电量、总付费金额电压、电流、功率等信息 | |
| 30 | 充电桩信息检查 | 检查充电桩厂家编码、TCU 软件主版本号、充电控制器软件版本、当前通信协议版本号、充电控制器软件日期、充电机最大输出电流、充电机最高输出电压等数据与车联网平台显示的相应数据一致 | |
| 31 | 人机交互功能检查 | 充电桩人机交互流程，应符合 Q/GDW 1591—2014 中第 5.3.3 节的规定 | |
| 32 | 控制充电功能试验 | 使用充电卡、账号或二维码方式，可以正确启动充电，充电中充电桩各界面显示的数据显示正常，符合计费控制单元与充电控制器通信协议规定 | |
| 33 | 计费结算功能试验 | 通过设定固定金额的方式进行充电，检查充电桩能准确结算并显示，检查账号密码异常或者余额不足时，充电桩界面有正确的提示 | |
| 34 | 充电电量检查 | 检查电表底值与车联网平台显示的电表底值一致；检查电表数据上送周期与平台设置一致；控制器采集的充电数据与电表采集的充电数据相符，符合计费控制单元与充电控制器通信协议规定 | |
| 35 | 充电卡在线充电交易试验 | 检查充电桩使用充电卡进行启动充电，充电结算交易数据与车联网平台、e充电 App 上显示的结算数据一致，符合车联网平台通信规范 | |
| 36 | 充电卡离线充电交易试验 | 检查充电桩在离线状态下可以充电，离线状态产生的交易记录在充电桩上线后，能正常上送车联网平台，交易数据与车联网平台显示一致，符合车联网平台通信规范 | |
| 37 | 充电卡解灰功能试验 | 充电桩可以查询灰锁的充电卡，灰锁数据可正常显示；可以正确解锁灰锁的充电卡，充电桩界面显示的解锁数据与车联网平台、e充电 App 上显示的解锁数据保持一致 | |
| 38 | 账号充电交易试验 | 检查账号充电结算交易数据与车联网平台、e充电 App 上显示的结算数据一致，符合车联网平台通信规范 | |
| 39 | 扫码充电交易试验 | 检查二维码充电结算交易数据与车联网平台、e充电 App 上显示的结算数据一致，符合车联网平台通信规范 | |

| 序号 | 项目名称 | 试验方法 | |
|---|---|---|---|
| 40 | 非充电实时数据检查 | 检查充电桩非充电过程实时数据与车联网平台、e 充电 App 上显示的一致，符合车联网平台通信规范 | |
| 41 | 充电实时数据检查 | 检查充电桩充电过程实时数据与车联网平台、e 充电 App 上显示的一致，符合车联网平台通信规范 | |
| 42 | 充电停机原因检查 | 充电桩充电时，检查启动前失败、启动中失败、充电中失败时的失败原因，以及交易记录中停机原因的与车联网平台、e 充电 App 上显示的一致，符合车联网平台通信规范 | |
| 43 | 充电桩位置检查 | 检查充电桩位置与车联网平台显示的相应数据一致 | |
| 44 | 充电桩维护功能检查 | 检查充电桩可以正确执行车联网平台下发的系统维护指令 | |
| 45 | TCU 软件版本检查 | 检查充电桩已安装国网最新版 TCU 软件且信号良好，符合车联网平台通信规范要求 | |
| 46 | TCU 信息检查 | 检查 TCU 硬件信息、内存量、磁盘空间、CPU 使用率指标与车联网平台显示的相应数据一致 | |
| 47 | SIM 卡信息检查 | 检查充电桩内置的 SIM 卡网络规格、网络信号等级、网络制式、数据流量与车联网平台显示的相应数据一致 | |
| 48 | 电价计费模型召测试验 | 检查充电桩本地存储的电价模型与车联网平台显示的相应数据一致 | |
| 49 | 服务费计费模型召测试验 | 检查充电桩本地存储的服务模型与车联网平台显示的相应数据一致 | |
| 50 | 时钟同步试验 | 检查充电桩上的时标与车联网平台显示的时标一致 | |
| 51 | 黑名单全量更新试验 | 检查充电桩本地存储的黑名单全量更新结果与车联网平台全量更新的黑名单一致 | |
| 52 | 广告轮播功能检查 | 检查充电桩本地存储的广告内容、图片像素、个数、格式、轮播次序与车联网平台下发的一致 | |
| 53 | 故障处理功能试验 | 充电桩出现异常时，检查充电桩停机流程时的数据是否合理，检查充电桩能正确显示相应的故障信息，符合充电控制器故障信息处理技术要求 | |
| 54 | 故障信息－急停按钮动作试验 | 充电机在待机、启动中、充电中、停机中时，模拟操作充电桩急停动作，使急停异常信号产生和恢复，检查充电桩与车联网平台、e 充电 App、巡检 App 故障传动是否一致 | |
| 55 | 故障信息－门禁试验 | 充电机在待机、启动中、充电中、停机中时，模拟操作充电机门被打开，使门禁故障信号产生和恢复，检查充电桩与车联网平台、e 充电 App、巡检 App 故障传动是否一致 | |
| 56 | 故障信息－充电接口电子锁试验 | 充电机在待机、启动中、充电中、停机中时，模拟操作电子锁锁止动作及解锁动作失败，使电子锁异常信号产生和恢复，检查充电桩与车联网平台、e 充电 App、巡检 App 故障传动是否一致 | |

续表

| 序号 | 项目名称 | 试验方法 | |
|------|----------|----------|---|
| 57 | 故障信息－控制导引试验 | 充电机在启动中、充电中时，模拟操作车辆导引连接异常，检查充电桩与车联网平台、e充电App、巡检App故障传动是否一致 | |
| 58 | 故障信息－充电枪未归位试验 | 充电桩待机时，模拟操作充电枪归位没有到位，检查充电桩与车联网平台、e充电App、巡检App故障传动是否一致 | |
| 备注 | | | |

检测：　　　　　　　　　设备供应商：　　　　　　运维单位：

日期：　　　　　　　　　日期：　　　　　　　　　日期：

# 附录13 整改通知函

## 整改通知函（示例）

××××公司：

　　为健全充电设备质量评价体系，××市供电公司根据××××要求，对××站充电设备进行了周期检测，检测结果见充电设备检测不符合项目结果通知单，请在××个工作日内完成通知单所列问题的整改工作，整改完成后，及时向我公司反馈整改情况。

国网××电力公司××供电公司

××××年×月××日

## 附录 14　充电设备周期检测不符合项目结果通知单

检测组织单位：国网××电力公司××供电公司

| 序号 | 站点名称 | 依据条款 | 问题描述 | 备注 |
|---|---|---|---|---|
| 1 | ×××充电站 | | 示例：3740690000000×××号充电桩连接装置损坏无法连接充电 | |
| 2 | ×××充电站 | | | |
| | | | | |
| | | | | |
| | | | | |
| | | | | |
| | | | | |
| | | | | |
| | | | | |

# 附录15 整改通知回复函

## 整改通知回复函

我公司已根据《充电设备全面检测不符合项目结果通知单》完成了由我公司供货的同型充电设备整改工作，可随时配合贵单位开展充电设备现场检测工作。

| 序号 | 站点名称 | 依据条款 | 问题描述 | 整改情况 |
|---|---|---|---|---|
| 1 | ×××充电站 | | 示例：3740690000000×××号充电桩连接装置损坏无法连接充电 | 示例：连接装置完成更换 |
| 2 | ×××充电站 | | | |
| | | | | |
| | | | | |
| | | | | |
| | | | | |
| | | | | |
| | | | | |

单位：（盖章）

日期：

183

## 附录16　充电设施运维检测报告

# 检测报告

报告编号：×××××××

样品名称：×××××××
样品型号：×××××
检测单位：×××××××

××××年××月××日

附表 16                                     检测报告表

| 产品名称 | | 委托方 | |
|---|---|---|---|
| 型号规格 | | 站点地址 | |
| 样品编号 | | 供应商 | |
| 桩资产码 | | 联系人 | |
| 检测日期 | 开始时间：××××年××月××日结束时间：××××年××月××日 | | |
| 试验环境 | 温度：××℃～+××℃；湿度：××%～××%RH；大气压力：××～××kPa | | |
| 检测依据 | GB/T 18487.1—2015 电动汽车传导充电系统　第 1 部分：通用要求<br>NB/T 33008.1—2018 电动汽车充电设备检验试验规范　第 1 部分：直流充电桩<br>GB/T 20234.1—2015 电动汽车传导充电用连接装置　第 1 部分：通用要求<br>GB/T 20234.3—2015 电动汽车传导充电用连接装置　第 3 部分：直流充电接口<br>GB/T 27930—2015 电动汽车非车载传导式充电机与电池管理系统之间的通信协议<br>NB/T 33001—2018 电动汽车非车载传导式充电机技术条件<br>Q/GDW 1591—2014 电动汽车直流充电桩检验技术规范<br>Q/GDW 1233—2014 电动汽车直流充电桩通用要求 | | |
| 检测设备 | 设备名称 | 设备型号 | 设备自编号 |
| | | | |
| | | | |
| | | | |
| | | | |
| | | | |
| | | | |
| | | | |
| | | | |
| | | | |
| 检测结论 | 经过测试，××××××公司××站充电桩按照上述检测依据共进行了××项试验，符合项目有××项，不符合项目有××项。<br><br>（检测报告专用章） | | |
| 备注 | 任务来源：委托检测 | | |

检测：　　　　　审核：　　　　　批准：

**关键元器件清单**

| 名称 | 型号 | 规格 | 生产单位 | 已有检测认证报告 | 备注 |
|------|------|------|----------|------------------|------|
|      |      |      |          |                  |      |
|      |      |      |          |                  |      |
|      |      |      |          |                  |      |
|      |      |      |          |                  |      |
|      |      |      |          |                  |      |
|      |      |      |          |                  |      |

**检测结果**

| 序号 | 检测项目 | 检测要求 | 检测结果 | 符合性判定 | 备注 |
|------|----------|----------|----------|------------|------|
| 1 | 绝缘电阻试验 | 应符合 Q/GDW 1591—2014 中第 5.5.1 节的规定 | 见附录 A |  |  |
| 2 |  |  |  |  |  |
| 3 |  |  |  |  |  |
| 4 |  |  |  |  |  |

# 附录17 直流充电桩缺陷等级分类表

附表 17                     直流充电桩缺陷等级分类表

| 故障代码 | 故障名称 | 故障等级 |
|---|---|---|
| 1 | TCU 与充电控制器通信故障 | 严重缺陷 |
| 2 | 读卡器通信故障 | 严重缺陷 |
| 3 | 电表通信故障 | 严重缺陷 |
| 4 | ESAM 故障 | 严重缺陷 |
| 5 | 交易记录满 | 严重缺陷 |
| 6 | 交易记录存储失败 | 严重缺陷 |
| 7 | 平台注册校验不成功 | 严重缺陷 |
| 8 | 程序文件校验失败 | 严重缺陷 |
| 9 | 充电中车辆控制导引告警（TCU 判断） | 一般缺陷 |
| 10 | BMS 通信异常 | 一般缺陷 |
| 11 | 直流母线输出过压告警 | 严重缺陷 |
| 12 | 直流母线输出欠压告警 | 严重缺陷 |
| 13 | 蓄电池充电过流告警 | 一般缺陷 |
| 14 | 蓄电池模块采样点过温告警 | 一般缺陷 |
| 16 | 急停按钮动作故障 | 严重缺陷 |
| 17 | 绝缘监测故障 | 严重缺陷 |
| 18 | 电池反接故障 | 严重缺陷 |
| 19 | 避雷器故障 | 严重缺陷 |
| 20 | 充电枪未归位 | 一般缺陷 |
| 21 | 充电桩过温故障 | 严重缺陷 |
| 22 | 烟雾报警告警 | 严重缺陷 |
| 23 | 输入电压过压 | 严重缺陷 |
| 24 | 输入电压欠压 | 严重缺陷 |
| 25 | 充电模块故障 | 一般缺陷 |
| 27 | 充电模块风扇故障 | 严重缺陷 |
| 28 | 充电模块过温告警 | 严重缺陷 |
| 29 | 充电模块交流输入告警 | 严重缺陷 |
| 30 | 充电模块输出短路故障 | 严重缺陷 |
| 31 | 充电模块输出过流告警 | 严重缺陷 |
| 32 | 充电模块输出过压告警 | 严重缺陷 |
| 33 | 充电模块输出欠压告警 | 严重缺陷 |

| 故障代码 | 故障名称 | 故障等级 |
|---|---|---|
| 34 | 充电模块输入过压告警 | 严重缺陷 |
| 35 | 充电模块输入欠压告警 | 严重缺陷 |
| 36 | 充电模块输入缺相告警 | 严重缺陷 |
| 37 | 充电模块通信告警 | 严重缺陷 |
| 38 | 充电中车辆控制导引告警 | 一般缺陷 |
| 39 | 交流断路器故障 | 严重缺陷 |
| 40 | 直流母线输出过流告警 | 严重缺陷 |
| 41 | 直流母线输出熔断器故障 | 严重缺陷 |
| 42 | 直流母线输出接触器故障 | 严重缺陷 |
| 43 | 充电接口电子锁故障 | 严重缺陷 |
| 44 | 充电机风扇故障 | 严重缺陷 |
| 45 | 充电枪过温故障 | 严重缺陷 |
| 46 | TCU其他故障 | 严重缺陷 |
| 47 | 充电机其他故障 | 严重缺陷 |
| 48 | 门禁故障 | 严重缺陷 |
| 49 | 直流输出接触器粘连故障 | 严重缺陷 |
| 50 | 绝缘监测告警 | 一般缺陷 |
| 51 | 泄放回路告警 | 一般缺陷 |
| 52 | 充电桩过温告警 | 一般缺陷 |
| 53 | 充电枪过温告警 | 一般缺陷 |
| 54 | 其他类型故障 | 一般缺陷 |
| 55 | 交流输入接触器拒动/误动故障 | 严重缺陷 |
| 56 | 交流输入接触器粘连故障 | 严重缺陷 |
| 57 | 辅助电源故障 | 严重缺陷 |
| 58 | 并联接触器拒动/误动故障 | 严重缺陷 |
| 59 | 并联接触器粘连故障 | 严重缺陷 |

# 附录18 交流充电桩缺陷等级分类表

附表 18　　　　　　　　　　交流充电桩缺陷等级分类表

| 故障代码 | 故障名称 | 故障等级 |
|---|---|---|
| 1 | TCU 与充电控制器通信故障 | 严重缺陷 |
| 2 | 读卡器通信故障 | 严重缺陷 |
| 3 | 电表通信故障 | 严重缺陷 |
| 4 | ESAM 故障 | 严重缺陷 |
| 5 | 交易记录满 | 严重缺陷 |
| 6 | 交易记录存储失败 | 严重缺陷 |
| 7 | 平台注册校验不成功 | 严重缺陷 |
| 8 | 文件校验错误 | 严重缺陷 |
| 18 | 急停按钮动作故障 | 严重缺陷 |
| 19 | 避雷器故障 | 严重缺陷 |
| 20 | 充电枪未归位 | 一般缺陷 |
| 21 | 过温故障 | 一般缺陷 |
| 22 | 输入过压告警 | 一般缺陷 |
| 23 | 输入欠压告警 | 一般缺陷 |
| 24 | 充电中车辆控制导引告警 | 一般缺陷 |
| 25 | 交流接触器故障 | 严重缺陷 |
| 26 | 输出过流告警 | 一般缺陷 |
| 27 | 输出过流保护动作 | 一般缺陷 |
| 28 | 交流断路器故障 | 严重缺陷 |
| 29 | 充电接口电子锁故障 | 严重缺陷 |
| 30 | 充电接口过温故障 | 严重缺陷 |
| 33 | PE 断线故障 | 严重缺陷 |
| 34 | 充电中拔枪故障 | 一般缺陷 |
| 35 | TCU 其他故障 | 严重缺陷 |
| 36 | 充电机其他故障 | 严重缺陷 |
| 37 | 门禁故障 | 危急故障 |
| 38 | 充电桩过温告警 | 严重缺陷 |
| 39 | 充电枪过温告警 | 严重缺陷 |
| 40 | 交流输出接触器粘连 | 严重缺陷 |
| 41 | 通用故障和告警 | 一般缺陷 |
| 42 | 其他类型故障 | 一般缺陷 |

## 附录 19  现场服务记录表

**附表 19**                                                      **现场服务记录表**

| 现场服务记录表 | | | | | |
|---|---|---|---|---|---|
| 服务时间 | 服务方式 | 涉及站点 | 服务工作内容及客户满意度 | 服务人员 | 工作终结时间 |
| | | | | | |
| | | | | | |
| | | | | | |
| | | | | | |
| | | | | | |

# 附录20 直流充电桩故障处理方案

**附表 20**                    **直流充电桩故障处理方案**

| 故障代码 | 内容 | 常见原因与处置方法 |
|---|---|---|
| 1 | TCU 与充电控制器通信故障 | 常见原因：<br>TCU 与充电桩控制器之间的 CAN 总线接线松动。<br>CAN 总线抗干扰能力不佳或总线匹配电阻有问题。<br>TCU 与充电桩控制器双向报文发送异常。<br>TCU 发送数据异常或充电桩控制器数据发送异常。<br>TCU 或充电控制器本体故障。<br>处理方法：<br>检查 TCU 上 CAN 总线接线是否压接牢固；匹配电阻是否连接可靠；通信线屏蔽层是否有效接地；如 TCU 或充电控制器自身故障需更换 |
| 2 | 读卡器通信故障 | 常见原因：<br>TCU 与读卡器接线松动。<br>TCU 或读卡器损坏。<br>TCU 程序运行出错。<br>处理方法：<br>重启 TCU；检查读卡器接线，确认读卡器接线牢固，注意检查读卡器通信线屏蔽线接地是否到位。如 TCU 或读卡器故障需更换 |
| 3 | 电表通信故障 | 常见原因：<br>(1) TCU 与电表通信线松动。<br>(2) 电表故障或 TCU 通信接口故障。<br>(3) 电表通信波特率非 2400bps。<br>处理方法：<br>检测 TCU 与电表接线；如电表或 TCU 故障需更换；确认电表通信波特率 |
| 4 | ESAM 故障 | 常见原因：<br>(1) ESAM 芯片损坏。<br>(2) ESAM 芯片安装不当。<br>(3) TCU 故障。<br>处理方法：<br>重新安装 ESAM 芯片，如不行需更换 ESAM 芯片或 TCU 底板 |

| 故障代码 | 内容 | 常见原因与处置方法 |
|---|---|---|
| 5 | 交易记录满 | 常见原因：<br>设备长期离线，数据未上传后台导致本地数据量积累过大超出设备闪存存储能力。<br>处理方法：<br>（1）检查设备无线信号是否正常，设备上线后将自动上传数据并删除已上传的数据。<br>（2）使用电脑连接 TCU，进入目录 mnt/nandflash/App，删除 account.db 文件 |
| 6 | 交易记录存储失败 | 常见原因：<br>设备闪存损坏。<br>处理方法：<br>检查设备是否在线状态；重启 TCU，检测闪存是否损坏，如有损坏请更换 TCU。 |
| 7 | 平台注册校验不成功 | 常见原因：<br>网络信号异常或者车联网后台有问题。<br>处理方法：<br>恢复网络信号，重新注册 |
| 8 | 程序文件校验失败 | 常见原因：<br>TCU 程序被破坏或者被篡改。<br>处理方法：<br>检查 TCU 硬件防护是否遭到破坏，若遭破坏请及时处理；并将 TCU 程序和库文件恢复到正常状态 |
| 9 | 充电中车辆控制导引告警（由 TCU 判断的） | 常见原因：<br>充电过程中出现控制导引断开故障时，如果充电控制器做出处理，则上报故障代码 38（见故障 38）；如果充电控制器异常，未处理该故障则 TCU 会补充判断，上报本故障。<br>处理方法：<br>重启设备，并通报设备厂家 |
| 10 | BMS 通信异常 | 常见原因：<br>（1）电动汽车 BMS 系统故障。<br>（2）车辆未获取充电桩提供的辅助电源。<br>（3）充电连接线未连接到位或内部线路出现故障。<br>（4）充电机和电动汽车通信协议不匹配。<br>处理方法：<br>检查是否插好充电连接线缆、线缆是否正常；检查辅助电源是否故障；截取 BMS 通信报文检查充电桩与车辆的通信协议是否兼容 |
| 11 | 直流母线输出过压告警 | 常见原因：<br>输出侧输出电压比需求电压大（超出控制器的设定阈值），模块输出失控。<br>处理方法：<br>检查模块状态，如模块损坏需更换 |

| 故障代码 | 内容 | 常见原因与处置方法 |
|---|---|---|
| 12 | 直流母线输出欠压告警 | 常见原因：<br>（1）负载过大，导致瞬间输出欠压告警。<br>（2）模块损坏。<br>处理方法：<br>瞬间告警后立即恢复正常无须处理；如模块损坏需换 |
| 13 | 蓄电池充电过流告警 | 常见原因：<br>充电时电池的电流需求值大于充电桩的设定阈值，引发充电桩控制系统过流保护。<br>处理方法：<br>检查电池状态是否正常，检查充电机模块是否正常 |
| 14 | 蓄电池模块采样点过温告警 | 常见原因：<br>充电过程中，蓄电池温度过高。<br>处理方法：<br>停止充电；待蓄电池冷却后再进行充电；频繁出现该故障，请联系车厂 |
| 16 | 急停按钮动作故障 | 常见原因：<br>充电桩正常情况下被人为按下急停按钮，且按钮按下后一直没有恢复。<br>处理方法：<br>恢复急停按钮，向右旋转急停按钮然后松开即可 |
| 17 | 绝缘监测故障 | 常见原因：<br>(1) 充电输出回路对地绝缘损坏。<br>(2) 绝缘检测模块损坏或者误报。<br>处理方法：<br>检查充电机柜和充电桩中直流输出回路的绝缘情况，是否有明显接地点；检查充电模块故障等是否亮起；检查绝缘检测模块是否损坏 |
| 18 | 电池反接故障 | 常见原因：<br>（1）模块直流出线反接。<br>（2）检测电池反接装置是否损坏或者未开启，或者该装置的检测线反接。<br>（3）充电车辆电池电源未关闭。<br>处理方法：<br>检查模块直流出线是否反接；检查检测电池反接装置的检测线是否反接；检查电池反接装置是否未开启；检查车辆电池电源开关是否关闭 |
| 19 | 避雷器故障 | 常见原因：<br>接触器前端避雷器出现告警。<br>处理方法：<br>检查避雷器接触点，更换避雷器 |

| 故障代码 | 内容 | 常见原因与处置方法 |
|---|---|---|
| 20 | 充电枪未归位 | 常见原因：<br>充电枪未放回充电枪插座或放回后充电枪头与插座处于半连接状态，未完全连接。<br>处理方法：<br>把充电枪放回充电插座并检查是否处于完全连接状态 |
| 21 | 充电桩过温故障 | 常见原因：<br>（1）设置温度过低；<br>（2）温度传感器故障；<br>（3）散热风扇未启动。<br>处理方法：<br>检查设置温度；检查温度传感器是否正常；检查散热风扇是否运转正常 |
| 22 | 烟雾报警告警 | 常见原因：<br>（1）充电模块烧损，常伴有烟雾；<br>（2）充电桩内部电气触头烧损产生烟雾。<br>处理方法：<br>检测模块及充电桩内部电器状态，更换损坏器件 |
| 23 | 输入电压过压 | 常见原因：<br>（1）充电设备交流输入电压过高。<br>（2）输入电压采样故障。<br>处理方法：<br>检查配电系统是否正常；检查输入电压采样模块是否正常 |
| 24 | 输入电压欠压 | 常见原因：<br>（1）电压检测装置接线松动。<br>（2）输入电压采样故障。<br>处理方法：<br>检查电压检测装置接线是否牢固；检查输入电压采样模块是否正常 |
| 25 | 充电模块故障 | 常见原因：<br>（1）模块通信线接触不良。<br>（2）模块本身故障。<br>（3）急停按钮恢复后交流塑壳断路器电磁脱扣仍处于脱开状态，未手动恢复。<br>处理方法：<br>检查模块通信线接线情况，如果是模块自身故障，更换模块；检查塑壳断路器是否闭合 |
| 27 | 充电模块风扇故障 | 常见原因：<br>充电模块单模块硬件故障。<br>处理方法：<br>检查更换模块或风扇 |

| 故障代码 | 内容 | 常见原因与处置方法 |
|---|---|---|
| 28 | 充电模块过温告警 | 常见原因：<br>（1）设备内部积尘过多。<br>（2）长时间大功率运行。<br>（3）机柜散热风扇工作异常，机柜或模块通风散热能力不足。<br>处理方法：<br>清理模块及机柜风道滤网积尘；更换散热风扇 |
| 29 | 充电模块交流输入告警 | 常见原因：<br>（1）交流断电。<br>（2）交流输入缺相。<br>（3）交流输入过压。<br>处理方法：<br>检查交流电源状态；检查模块状态 |
| 30 | 充电模块输出短路故障 | 常见原因：<br>模块内部器件损坏（常见电容器击穿），模块输出侧母线短路。<br>处理方法：<br>更换模块 |
| 31 | 充电模块输出过流告警 | 常见原因：<br>充电输出电流大于充电桩控制系统设定的阈值引发输出过流保护。<br>处理方法：<br>检查模块状态，如模块损坏需更换 |
| 32 | 充电模块输出过压告警 | 常见原因：<br>单模块输出电压过大引起系统过压保护动作。<br>处理方法：<br>检查模块状态，如模块损坏需更换 |
| 33 | 充电模块输出欠压告警 | 常见原因：<br>（1）模块控制精度不够，<br>（2）模块内部器件损坏。<br>处理方法：<br>检查模块状态，如模块损坏需更换 |
| 34 | 充电模块输入过压告警 | 常见原因：<br>交流输入电压过高。<br>处理方法：<br>检查交流电源状态；检查模块状态，如模块损坏需更换 |
| 35 | 充电模块输入欠压告警 | 常见原因：<br>（1）交流断电。<br>（2）交流输入缺相。<br>（3）交流输入欠压。<br>处理方法：<br>检查交流电源状态，检查电源接线；检查模块状态，如模块损坏需更换 |

续表

| 故障代码 | 内容 | 常见原因与处置方法 |
|---|---|---|
| 36 | 充电模块输入缺相告警 | 常见原因：<br>（1）交流断电。<br>（2）交流输入缺相。<br>处理方法：<br>检查交流电源状态，检查电源接线；检查模块状态，如模块损坏需更换 |
| 37 | 充电模块通信告警 | 常见原因：<br>（1）通信线路接线松动；<br>（2）通信协议不一致；<br>（3）硬件损坏。<br>处理方法：<br>检查通信接线；检查通信协议；检查模块是否正常 |
| 38 | 充电中车辆控制导引告警 | 常见原因：<br>（1）充电过程中直接拔出充电枪；<br>（2）充电过程中辅助供电出现异常；<br>（3）充电过程中 BMS 发送数据异常或充电桩控制器数据发送异常。<br>处理方法：<br>检查辅助供电回路，检查通信协议 |
| 39 | 交流断路器故障 | 常见原因：<br>交流断路器跳闸，断路器损坏、过流或短路。<br>处理方法：<br>检查断路器状态，若为跳闸，再确认下级设备状态正常后合上交流断路器；如断路器损坏需更换 |
| 40 | 直流母线输出过流告警 | 常见原因：<br>充电桩输出电流大于系统设定的阈值引发充电桩系统保护动作。<br>处理方法：<br>检查电池状态是否正常，检查充电模块是否正常 |
| 41 | 直流母线输出熔断器故障 | 常见原因：<br>下级电路短路导致熔断器保护动作。<br>处理方法：<br>检查下级电路系统，如熔断器损坏需更换 |
| 42 | 直流母线输出接触器故障 | 常见原因：<br>（1）触点粘连；<br>（2）接触器自身故障。<br>处理方法：<br>检查触点状态是否正常，如接触器损坏需更换 |
| 43 | 充电接口电子锁故障 | 常见原因：<br>（1）电子锁损坏；<br>（2）电子锁驱动信号及回采信号缺失或不正常。<br>处理方法：<br>更换电子锁；检查电子锁驱动信号及回采信号 |

续表

| 故障代码 | 内容 | 常见原因与处置方法 |
|---|---|---|
| 44 | 充电机风扇故障 | 常见原因：<br>（1）开关（继电器）损坏或接触不良；<br>（2）风机损坏。<br>处理方法：<br>检查开关（继电器）状态，如风机损坏需更换 |
| 45 | 充电枪过温故障 | 常见原因：<br>（1）充电枪线破损；<br>（2）充电枪长时间大电流充电；<br>（3）充电接口长时间使用，导致积垢较多，接触电阻变大。<br>（4）车辆充电接口弹片变形，导致电阻变大。<br>处理方法：<br>更换充电枪线或车辆充电接口 |
| 46 | TCU 其他故障<br>（电表数据校验异常） | 常见原因：<br>电表电能数据与控制器数据校验异常。<br>处理方法：<br>检查 TCU 与电表之间通信连接是否可靠；检查电表与分流器之间的连线是否可靠 |
| 47 | 充电机其他故障 | 常见原因：<br>充电机控制器故障判断异常或者判断出其他不在故障代码表内的故障。<br>处理方法：<br>检查充电机状态是否正常；检查充电控制器状态是否正常 |
| 48 | 门禁故障 | 常见原因：充电桩柜门人为打开。<br>处理方法：检查充电桩柜门是否正常锁闭 |

## 附录 21　交流充电桩故障处理方案

| 故障代码 | 内容 | 常见原因与处置方法 |
|---|---|---|
| 1 | TCU 与充电控制器通信故障 | 常见原因：<br>(1) TCU 与充电桩控制器之间的 CAN 总线接线松动；<br>(2) CAN 总线抗干扰能力不佳或总线匹配电阻有问题；<br>(3) TCU 与充电桩控制器双向报文发送异常；<br>(4) TCU 发送数据异常或充电桩控制器数据发送异常；<br>(5) TCU 或充电控制器本体故障。<br>处理方法：<br>检查 TCU 上 CAN 总线接线是否压接牢固；匹配电阻是否连接可靠；通信线屏蔽层是否有效接地；如 TCU 或充电控制器本体故障需更换 |
| 2 | 读卡器通信故障 | 常见原因：<br>(1) TCU 与读卡器接线松动；<br>(2) TCU 或读卡器损坏；<br>(3) TCU 程序运行出错。<br>处理方法：<br>重启 TCU；检查读卡器接线，确认读卡器接线牢固，注意检查读卡器通信线屏蔽线接地是否到位。如 TCU 或读卡器故障需更换 |
| 3 | 电表通信故障 | 常见原因：<br>(1) TCU 与电表通信线松动；<br>(2) 电表故障或 TCU 通信接口故障；<br>(4) 电表通信波特率非 2400bps。<br>处理方法：<br>检测 TCU 与电表接线；如电表或 TCU 故障需更换；确认电表通信波特率 |
| 4 | ESAM 故障 | 常见原因：<br>(1) ESAM 芯片损坏；<br>(2) TCU 故障。<br>处理方法：<br>更换 ESAM 芯片或 TCU 底板 |
| 5 | 交易记录满 | 常见原因：<br>设备长期离线，数据未上传后台导致本地数据量积累过大超出设备闪存存储能力。<br>处理方法：<br>检查设备无线信号是否正常，设备上线后将自动上传数据并删除已上传的数据 |

| 故障代码 | 内容 | 常见原因与处置方法 |
|---|---|---|
| 6 | 交易记录存储失败 | 常见原因：设备闪存损坏；<br>处理方法：检查设备是否在线状态；重启TCU，检测闪存是否损坏，如有损坏请更换TCU |
| 7 | 平台注册校验不成功 | 常见原因：<br>网络信号异常或者车联网后台有问题。<br>处理方法：<br>恢复网络信号，重新注册 |
| 8 | 程序文件校验失败 | 常见原因：<br>TCU程序被破坏或者被篡改。<br>处理方法：<br>检查TCU硬件防护是否遭到破坏，若遭破坏请及时处理；并将TCU程序和库文件恢复到正常状态 |
| 9 | 急停按钮动作故障 | 常见原因：<br>充电桩正常情况下被人为按下急停按钮，且按钮按下后一直没有恢复。<br>处理方法：<br>恢复急停按钮，向右旋转急停按钮然后松开即可 |
| 10 | 避雷器故障 | 常见原因：<br>接触器前端避雷器出现告警。<br>处理方法：<br>检查避雷器安装接触触点，更换避雷器 |
| 11 | 充电枪未归位 | 常见原因：<br>充电枪未放回充电枪插座或放回后充电枪头与插座处于半连接状态，未完全连接。<br>处理方法：<br>把充电枪放回充电插座并检查是否处于完全连接状态 |
| 12 | 过温故障 | 常见原因：<br>(1)设置温度过低。<br>(2)温度传感器故障。<br>(3)散热风扇未启动。<br>处理方法：<br>检查设置温度；检查温度传感器是否正常；检查散热风扇是否运转正常 |
| 13 | 输入电压过压 | 常见原因：<br>充电设备交流输入电压过高。<br>处理方法：<br>检查配电系统是否正常 |

续表

| 故障代码 | 内容 | 常见原因与处置方法 |
|---|---|---|
| 14 | 输入电压欠压 | 常见原因：<br>电源接线松动；电压检测装置接线松动。<br>处理方法：<br>检查电源接线以及电压检测装置接线是否牢固 |
| 15 | 充电中控制导引告警 | 常见原因：<br>(1) 充电过程中直接拔出充电枪。<br>(2) 充电过程中车辆主动断开充电。<br>处理方法：<br>重新插枪，启动充电 |
| 16 | 交流接触器故障 | 常见原因：<br>(1) 交流接触器控制或状态反馈接线松动。<br>(2) 接触器损坏。<br>处理方法：<br>检查接触器接线；如接触器损坏需更换 |
| 17 | 输出过流告警 | 常见原因：<br>充电桩输出电流大于系统设定的阈值引发充电桩告警。<br>处理方法：<br>检查车辆充电需求是否大于充电桩设定的过流告警阈值 |
| 18 | 输出过流保护动作 | 常见原因：<br>充电桩输出电流大于系统设定的阈值引发充电桩保护动作。<br>处理方法：<br>把充电枪放回充电插座并检查是否处于完全连接状态 |
| 19 | 充电桩过温故障 | 常见原因：<br>交流断路器跳闸，断路器损坏、过流或短路。<br>处理方法：<br>检查断路器状态，若为跳闸，再确认下级设备状态正常后合上交流断路器；如断路器损坏需更换 |
| 20 | 充电接口电子锁故障 | 常见原因：<br>(1) 电子锁损坏。<br>(2) 电子锁驱动信号及回采信号缺失或不正常。<br>处理方法：<br>更换电子锁；检查电子锁驱动信号及回采信号 |
| 21 | 充电接口过温故障 | 常见原因：<br>(1) 充电枪长时间大电流充电。<br>(2) 充电接口长时间使用，导致积垢较多，接触电阻变大。<br>处理方法：<br>重新插拔，再充电；如充电接口有损坏需更换 |

| 故障代码 | 内容 | 常见原因与处置方法 |
|---|---|---|
| 22 | PE 断线故障 | 常见原因：<br>充电接口连接线缆或者充电线缆损坏。<br>处理方法：<br>更换线缆 |
| 23 | 充电中拔枪故障（TCU 判断） | 常见原因：<br>充电过程中出现控制导引断开故障时，如果充电控制器做出处理，则上报故障代码 24；如果充电控制器异常，未处理该故障则 TCU 会补充判断，上报本故障；本故障作为故障 24 的一个补充判断。<br>处理方法：<br>重启设备，并通报设备厂家 |
| 24 | TCU 其他故障 | 常见原因：<br>TCU 从电表采集到数据与充电控制器上送的数据存在较大差异。<br>处理方法：<br>通报设备厂家处理 |
| 25 | 充电桩其他故障 | 常见原因：<br>充电机控制器故障判断异常。<br>处理方法：<br>检查充电机状态是否正常；检查充电控制器状态是否正常 |
| 26 | 门禁故障 | 常见原因：<br>充电过程中设备外门打开会出现此故障。<br>处理方法：<br>检查充电桩柜门是否正常锁闭 |
| 27 | 充电桩过温告警 | 常见原因：<br>（1）设置温度过低；<br>（2）温度传感器故障；<br>（3）散热风扇未启动。<br>处理方法：<br>检查设置温度；检查温度传感器是否正常；检查散热风扇是否运转正常 |
| 28 | 充电枪过温告警 | 常见原因：<br>（1）充电枪线破损；<br>（2）充电枪长时间大电流充电；<br>（3）充电接口长时间使用，导致积垢较多，接触电阻变大。<br>处理方法：<br>更换充电枪线 |

| 故障代码 | 内容 | 常见原因与处置方法 |
|---|---|---|
| 29 | 交流输出接触器粘连 | 常见原因：<br>（1）触点粘连；<br>（2）接触器自身故障。<br>处理方法：<br>检查触点状态是否正常，如接触器损坏需更换 |
| 31 | 充电模块输出欠压告警 | 常见原因：<br>（1）模块控制精度不够；<br>（2）模块内部器件损坏。<br>处理方法：<br>检查模块状态，如模块损坏需更换 |

# 参 考 文 献

［1］陈兆伟，郭婷，崔万田．电动汽车充电站［M］．北京：化学工业出版社，2020．

［2］国家电网有限公司营销部．电动汽车充换电关键技术［M］．北京：中国电力出版社，2018．

［3］袁博．电动汽车换电模式的发展现状及趋势综述［J］．汽车文摘，2020（5）：23 - 27．

［4］高赐威，吴茜．电动汽车换电模式研究综述［J］．电网技术，2013，37（4）：891 - 898．

［5］王启越，罗运俊，宋瑞，陈基永，周德全．新能源汽车充换电技术应用浅析［J］．汽车实用技术，
2021（16）：195 - 197．

［6］寇亮．电动汽车换电站的完善与发展［J］．科技创新，2017（1）：19．

［7］周毅．纯电动汽车电机及传动系统拆装与检测［M］．北京：机械工业出版社，2018．

［8］孔超．纯电动汽车电池及管理系统拆装与检测［M］．北京：机械工业出版社，2018．

［9］何泽刚．新能源汽车认知与使用安全［M］．北京：机械工业出版社，2018．

［10］邱云兰，朱毅．电路基础．北京：中国电力出版社，2010．

［11］全国安全生产教育培训教材编审委员会．高压电工作业．北京：中国矿业大学出版社，2018．

［12］国家电网有限公司．营销现场作业安全工作规程．北京：中国电力出版社，2020．